想要如何装潢，自己告诉设计师

[日]株式会社X-Knowledge　著
刘中仪　译

光明日报出版社

目录

Part1 找到喜爱的室内装潢风格

Part2 配色基础知识

Part3 室内装潢的基本要素

装潢材料基础知识

装潢材料搭配实例

照明基础知识

窗饰基础知识

Part4 不同房间的装潢重点

Part 1

找到喜爱的室内装潢风格

基本要点

室内装潢风格3大要点

将简明易懂地为您解说，拥有理想室内装潢的3大要点。
请记住能营造出个人风格的相关技巧。

1 确定具体形象

收集资讯，描绘您喜爱的形象

装潢风格种类繁多，而每个人喜爱的室内空间均不相同。倘若能住进心仪风格的房间，能使精神、生活都充满阳光。

首先，为了追求自己喜爱的舒适空间，必须搞清楚哪种装潢能让自己放松。例如，不能只说“简明、自然的感觉”，而是要具体指定家具的材质、质感等，掌握具体形象才能向设计师说明。线条、色彩也一样，请先确认自己的喜好。你可以参考街上的室内装潢店或你喜爱的咖啡厅、餐厅装潢，或是把在书籍、杂志、网络等处找到的中意风格剪贴下来，制作装潢手册，有助于厘清您的喜好倾向。

个人风格最好能花时间慢慢确认，平常就注意寻找自己喜爱的物品，确认心目中的理想风格。

以单色为基调，打造干练的温馨感

彻底排除利落、冷静的装潢风格带来的生活感。以地板原料的纹样、植物、从窗口射进的光线增添温馨感。

灵活运用自然素材，营造自然氛围

选择自然素材的餐厅组合，均衡摆设大小植物。能感受到木料温馨氛围的舒适空间。

古董风格家具，营造古典氛围

以古董家具为主，欣赏家具色泽、质感。优质元素能让空间显得沉稳。

2 回顾生活形态

在生活中发现房间必备的功能

室内装潢除了追求自己的喜好，也需要考虑家族成员的喜好、生活形态等方面。即使是一个人住，也必须从是否有客人拜访、招待方法等方面考虑房间型态。

以餐桌为例，如果家里有孩子，必须选择不容易刮伤和弄脏的材质。如果经常有客人拜访，就必须选择大型或能够拉长的餐桌。需要不同，选择的餐桌种类，自然也会不同。

此外，开放式棚架虽然看起来时尚，容易取放物品，却也容易堆积灰尘，不适合讨厌打扫的人使用。

客厅等共有空间必须经过家庭成员仔细讨论，其他的房间则必须以使用者为主，建议你结合生活形态来进行装潢。把目前使用房间的不方便之处与希望改善之处列表，也是个不错的方法。

夫妇2个人的餐厅，氛围雅致

夫妇2个人生活的餐厅，选择小型且设计雅致的家具。能一边欣赏如画般的室外景致，一边享受彻底放松的奢侈时光。

重视孩子需要，犹如游乐设施般的餐厅

房间整体使用素木板，营造出欢乐氛围。配合自然装潢，选择木制餐桌组。为孩子设置的梯子、吊床让冒险氛围更浓。

3 配合预算拟定计划

就算不能一次改变，也必须拟定整体计划

大概很少有人能为了装潢不计成本，不过即使预算有限，也不能半途而废，或是贪便宜买下无法维修的物品。这样做很可能会马上想替换，反而超过预算。

正因为预算有限，所以能享受动脑筋的乐趣。如果没办法一次买齐，重要的是拟定整体计划。目标是完成家具、窗帘、小摆设等所有装潢元素都能统一的风格，你在拟定计划时，不妨考虑优先顺序，逐步选购。

此外，如果要逐步选购家具，不妨选择名作家具、传统家具。这类家具价位不斐，但品质有保障不会过时，能长久使用。设计优良也是魅力之一。

容易更换摆设位置的沙发非常方便

“天童木工”的“玛格丽特”系列，采用座位间以连接器连接的结构，能配合场合、家族成员变化改变摆设位置的沙发，长期使用非常方便（照片提供／天童木工）。

如果要长久使用，选择坚固家具

“天童木工”在1996年发售的系列餐桌椅，也有无扶手的类型。成型胶合板结构，不容易破裂，适合长期使用（照片提供／天童木工）。

01

简明&自然风格

任何年代都备受欢迎的热门风格。

利落雅致的木纹搭配白色，营造出都市住宅氛围。

兼具泥土、木料等柔和的自然温馨氛围，与时尚、清爽印象的热门风格相融合。

简明&自然风格的重点

1 底色是白色、亚麻色、米色等自然色系。

2 强调自然材质感，同时追求简明、无光泽。

3 使用天然木料、胶合板、矽藻土、麻等天然材质，以瓷砖等点缀。

4 以利落直线为主，以经过设计的曲线点缀。

简明风格加上自然素材

简明风格中，融合让人放松的自然素材温馨氛围。简明&自然风格充满利落、开放的氛围，任何年代都大受欢迎。

这里所谓的自然温馨氛围并非古老民房的朴实、粗犷线条，以木材来说，特征为使用松木、水曲柳、枫树、橡树等明亮树种，地板则采用原木的木质地板。家具不使用沉重种类，整体给人较为纤细的印象。简单的直线线条，表面为不带光泽的质感。墙面原料也请选择灰泥、矽藻土等自然材质。

自然空间适合采用能表现自然的色彩。使用棉、麻等天然纤维，配色也以百看不厌的白色、亚麻色、米色、大地色系等为底色。再以植物点缀房间角落、桌子，更添清爽感。

此外，尽可能减少摆件数目，维持清爽也是重点之一。家具、小摆件等统一采用利落的线条与色泽，更能衬托出泥土、木料的自然风情。

木制家具

想营造简明&自然风格，雅致的木制家具不可或缺。请精心挑选兼具确切实用性的家居物品，摆设在房间里。使用槭树、水曲柳、松木等色调明亮的利落木料，有助于营造出温馨空间。

明亮色调的
清爽柜子

以色木槭制成，圆形手把与柜子脚为重点。21万日元（约人民币10779元）/ SERVE

百看不厌的
简明餐桌

使用色木槭原木桌面。能对应桌面膨胀、缩小的结构。“TBK0213”15万7500日元（约人民币8084元）/ SERVE

坚实的槭木椅子

厚实皮带的坚固结构。“乡村椅（槭木）”皮带7万5075日元（约人民币3854元）麻带5万1450日元（约人民币2641）/北方住宅设计社

古典风格电视柜

与直线条风格最搭。
“Voyage 电视柜”3万9800日元（约人民币2043元）/
quatre saisons

清爽白餐具橱

线条纤细的金色手把非常优雅。
“Land Cup Board 1200”11万6550日元（约人民币5983元）/ Momonatural 自由之丘

更添自然氛围的架子

可以摆设您喜爱的小饰品。
“Voyage Shelf Low”3万9800日元（约人民币2043元）/ *quatre saisons*

白色家具

简明&自然风格的代表色是白色。在灵活运用木料质感的空间里，摆设白色家具、小饰物会让清爽感更有深度，营造出年轻氛围。白漆下若隐若现的木纹则更有质感。搭配有阴影部分的灰泥墙、白色木制百叶窗等，也是不错的选择。

自然材质的杂货·布制品

自然氛围的决定性单品是麻、棉等自然材料。白色、亚麻色、粉彩、灰色等色泽更能强调质感。色泽明亮的篮子也不可或缺。不仅能用来收纳，只是用来摆设就能进一步提升房间氛围。

收纳时不可或缺的
篮子

将木料削成薄片后编成。
“ECOLS篮”M 2520日元（约人民币129元）/ *quatre saisons*

以法国产柳条编成的
篮子

越用越有味道的材质。“单提把交叉篮”S 1万2600日元（约人民币647元）L 1万4700日元（约人民币755元）/ *quatre saisons*

麻、棉窗帘

能将清爽凉风带进房间里。“terreno（NT）”6720日元（约人民币345元）“delica（WH）”6720日元（约人民币345元）/ Momonatrual 自由之丘

简明＆自然风格　实例1

木料质感与植物营造出的治愈空间

东京都 · F宅

夫妇＋2个孩子
独栋
木造
2层楼

客厅＆餐厅

选择木料质感佳的桌椅组

餐厅地板、厨房柜台使用木料，天花板则选用木纹美丽的松木梁。餐桌椅也用木制家具配合大量使用木料的室内装潢。明亮色彩的木料则是配合厨房柜台选用的。

儿童房

配合孩子成长变化的室内装潢

白色的木制婴儿床跟木制厨房玩具组合起来非常活泼。考虑到孩子逐渐成长，目前作为能把玩具摊开来玩的游戏室使用。

厨房 & 餐厅

均衡摆设大小不同的植物

植物也是自然风格装潢中不可或缺的一环。除了摆放在地板和桌上之外，吊挂的效果也不错。

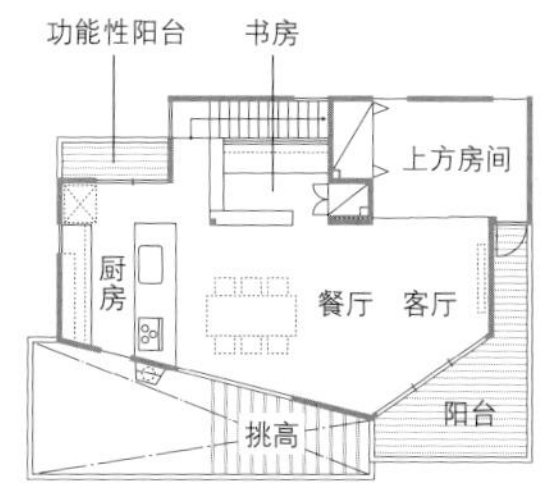

2F

玄关收纳
小院子
玄关
卧室
W.I.C※
下方房间
阳台

1F

N

工作空间

新旧木料的搭配

先生的书房里，书桌收纳能力强。搭配素木料桌子的椅子可以选用古董风格制品，显示出主人的装潢搭配功力深厚。

玄关

利落的玄关也摆设多盆植物

明亮的南欧风格玄关。鞋子、雨伞等容易散乱的物品都放进收纳柜，看起来非常清爽。不会过于醒目的植物更添清爽氛围。

建筑设计室

植本俊介 / 植本计划设计

东京都涩谷区千驮谷5-6-7
Toei Height3G
TEL：03-3355-5075
URL：http://www.uemot.com

※W.I.C：walk in closet(步入式衣橱)

简明＆自然风格　实例2

以木料与简单家具营造明亮时尚空间

东京都・T宅

夫妇
独栋
木造
地上2层楼・地下1层楼

餐厅

以人工材料的名作家具搭配木料

地板适用胡桃木板，天花板则适用杉木板。木料环抱下的厨房，搭配艾里宁・沙里宁（Eero Saarinen）的郁金香桌与伊姆斯（Eames）、罗南＆埃尔文・布鲁克（Ronan & Erwan Bouroullec）的椅子。以及拉斯・华纳（Lars Werner）的木制高脚椅，营造明亮时尚印象。

客厅 & 餐厅

白色的郁金香桌为重点

地板、天花板使用不同种类的木板，以墙面收纳为背景，让沙发色泽更显雅致。圆桌配合墙面颜色选用白色，营造出不至于过度沉闷的清爽氛围。

玄关

利用镜子提升视觉宽敞感

玄关墙面以镜子覆盖，让空间看起来更为宽敞。镜子也能用来检查仪容，非常方便。木制高脚椅除了作为点缀，穿脱鞋子的时候也很方便。

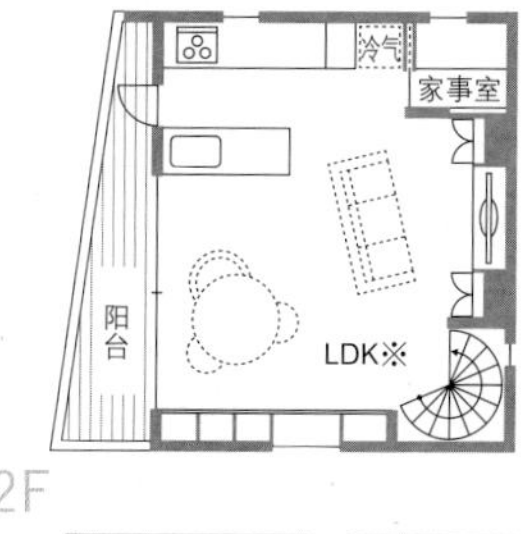

2F

阳台
浴室
预备室
冰槽
盥洗室
书房
玄关

1F

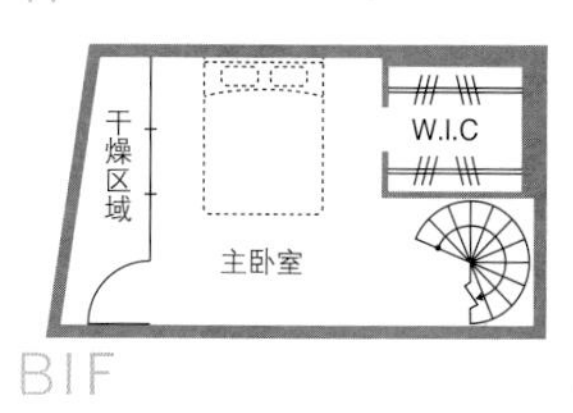

BIF

N

※ LDK：Living room
Dining room
Kitchen
(客厅、餐厅、厨房)

厨房

不锈钢光泽
让厨房看起来十分利落

厨房流理台的桌面与抽油烟机部分使用不锈钢材质，冰箱、咖啡机等家电也统一采用不锈钢。

卧室

简单的卧室，
早上能舒适醒来

自然光线能射进的B1卧室。木制框架的床、自然素材的厚窗帘等，与墙面的抹茶色十分搭配。

建筑设计室

彦根明 / 彦根建筑设计事务所

东京都世田谷区成城7-5-3
TEL：03-5429-0333
URL：http://www.a-h-architects.com

02

简明&时尚风格

利用宽敞的玻璃面引进光线，营造明亮开放氛围。
重视功能性，去除累赘，彻底追求最底限，
让空间充满适度的紧张感、静谧感是整个风格的特征。

简明&时尚风格的重点

1 坚持形式独特的室内装潢。

2 树脂原料、水泥、玻璃、不锈钢等冰冷形象。

3 营造简明、时尚空间，并加进自然元素点缀。

4 基本色为白色与其他的无彩浅色。加入1~2种色彩作为陪衬。

利落设计添加轻松风格

“时尚”是一种涵盖范围极广的风格，其中以1950年前后又名midcentury的美式时尚和乔・庞帝（Gio Ponti）、维科马吉斯特提（vico magistretti）等知名建筑师设计出知名家具的意大利摩登等为代表。

简明＆时尚风格是在厚重、冰冷形象之中添加轻快、透明的元素。是在狭窄住宅也能采用的热门装潢风格之一。

原素材综合使用聚碳酸酯、亚克力等塑料树脂、玻璃等透明素材、不锈钢等铁制材质。透过添加鲜明木纹、夹板（胶合板）等天然素材，能兼具时尚、轻快风格。色调方面以无色彩为主，基本以明亮度高且具有时尚感的白色为底色。陪衬色调除了灰色、黑色外，使用金属色泽等营造光泽感也是特征之一。

简明＆时尚风格的关键在于“加法美学”，尽可能使用简单线条的Minimal Design（最小化设计）室内装潢，可以通过精选家具进行装饰性摆设，让空间看起来更利落。

设计师家具

这些家具风格的关键在于牵引20世纪设计业界发展的巨匠名作家具。以“贝壳椅（Shell Chair）”知名的Eames、近代建筑家勒·柯比意（Le Corbusier），意大利设计界巨匠维科马吉斯特提（vico magistretti）等一代知名巨匠的设计作品，让家具成为艺术品。

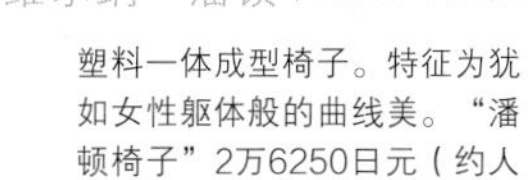

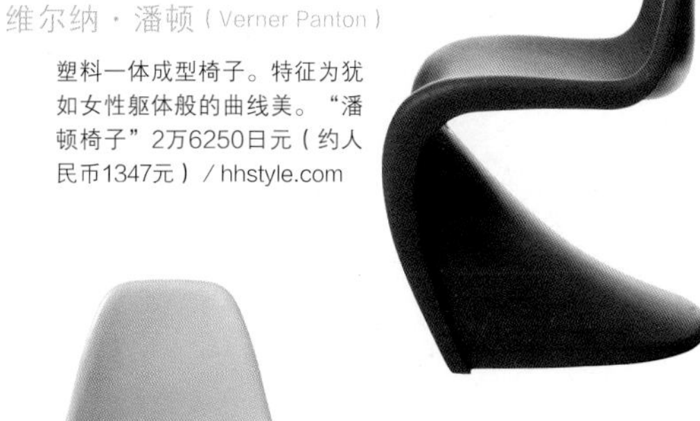

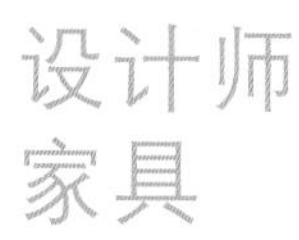

维科马吉斯特提（vico magistretti）

1973年设计作品。获纽约近代美术馆收藏的名作。“Maralunga”双人宽沙发65万1000日元（约人民币33416元）起 / Cassina IXC

维尔纳·潘顿（Verner Panton）

塑料一体成型椅子。特征为犹如女性躯体般的曲线美。“潘顿椅子”2万6250日元（约人民币1347元）/ hhstyle.com

勒·柯布西耶（Le Corbusier）

黑色皮革与钢管框架，外型威严十足，宽敞舒适。“LC3单人座沙发（黑色皮革）”61万9500日元（约人民币31799元）/ Cassina IXC

Charles and Ray Eames

Eames夫妻的代表作。交叉椅脚令人印象深刻。“Eames 贝壳侧椅 DSR Chrome Base”3万2550日元（约人民币1671元）/ hhstyle.com

玻璃·不锈钢

与利落室内装潢最搭的是兼具透明、温馨感的玻璃，以及金属质感带来光泽、张力的不锈钢。玻璃、不锈钢都能为时尚空间增添成熟风味。灵活运用素材原有质感搭配是此种风格的有趣之处。

不锈钢茶壶

1956年发售的阿烈希（Alessi）公司长销商品。机能性、耐久性均佳。“102茶壶”2万1000日元（约人民币1078元）起 / ALESSI

不锈钢管茶几

女性创作者Eileen Gray 的杰作。呈现机能美极致。“可调整茶几E1027”12万2850日元（约人民币6306元）/ hhstyle.com

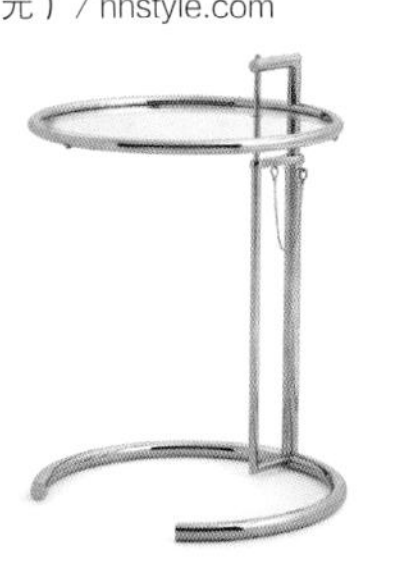

使用玻璃的桌子

野口勇（Isamu Noguchi）设计。犹如雕刻般的木制桌脚令人印象深刻。“Noguchi茶几”WALNUT 25万5150日元（约人民币13220元）/ hhstyle.com

树脂产品

在1950年达到巅峰的Midcentury style，追求简明与机能美。在此出现的崭新原料－塑料树脂充满近未来风格，风靡一时，并有众多名作家具。树脂的顺应性、稳定性佳，还有独特的色彩变化，采用树脂产品也是简明&时尚风格的特征之一。

日本设计师名作

1954年发表的柳宗理作品。是在日本国内外都备受喜爱的名作。“大象凳”1万500日元（约人民币539元）/ hhstyle.com

带有艺术感的装饰凳子

由菲利普·斯塔克（Philippe Sta钢筑混泥土k）设计，特征是犹如沙漏般的外型。“Prince AHA”1万日元（约人民币518元）/ hhstyle.com

颜色鲜艳的台灯

由菲利普·斯塔克（Philippe Sta钢筑混泥土k）设计的FLOS公司台灯。“MISS SISSI台灯”1万9425日元（约人民币1006元）/ YAMAGIWA ONLINE STORE

简明&时尚风格　实例1

以设计师家具、装饰艺术营造出时尚空间

东京都 · T宅

夫妇＋孩子1人
独栋
木造 · 部分钢筋混凝土结构
地上3层楼 · 地下1层楼

客厅

名作家具带来冲击的客厅

一直向上延伸到高窗的深咖啡色墙，让客厅的存在感更为强烈。地板铺柔软毯，放有全长超过2m的Eames矮桌，以不同高度取得协调。电视柜旁的Eames红色“大象凳”、保罗·汉宁森（Poul HenningsenZ）的名作灯具“雪球”，有画龙点睛功效。

浴室

浴室采用黑色瓷砖，十分雅致

浴室面对屋顶阳台。天花板是黑色，墙面则贴上同色系的黑色瓷砖，十分雅致。小摆饰则选用不锈钢、玻璃制瓶子等，营造出身处饭店一般的时尚感。

厨房 & 餐厅

用餐处采用暖色系

利用旧木料作为桌面、椅面的餐桌、椅子，由建筑师简·普鲁威（Jean Prouve）设计。墙上挂的布料板则是配合厨房流理台的黄褐色选择。

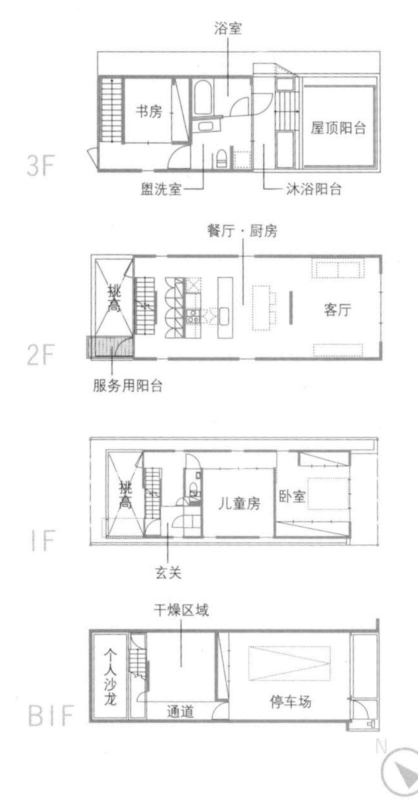

个人沙龙

享受不同于居住空间的氛围

由担任美容师的夫人设置的沙龙空间。钢筋混凝土空间里，以黑色、灰色系统一，营造出都市氛围。

工作空间

大人的秘密基地 可以充分发挥童心

先生的书房，墙上整齐地排放着艺术品、书籍、唱片、唱盘等。将喜爱的收藏品公开陈列，营造出能专心于兴趣的环境。

建筑设计室

田井干夫 / Architect Caf'e
田井干夫建筑设计事务所

东京都中央区银座3-14-8 松宏大厦501
TEL：03-3545-4844
URL：http://www.architect-cafe.com

衬托出墙上艺术作品的时尚空间

东京都 · H宅

夫妇＋孩子2人
独栋
钢筋混凝土建筑
地上2层楼 · 地下1层楼

客厅

客厅的重点是从玻璃窗眺望的景色

客厅采用透明感十足的玻璃窗，并摆设厚实的皮制家具。卡斯提庸尼（Castiglioni）兄弟设计的经典落地灯“Arco”、菲利普·斯塔克（Philippe Starck）设计的白色布制灯罩落地灯“ROSY ANGELIS”营造出雅致静谧氛围。沙发上则摆放独具特色的靠垫。

压低照明度的舒适书房

玻璃桌与黄色Eames“Arm Shell Chair”为摆设重点。重点式照明，压低光量，营造出令人放松的舒适氛围。

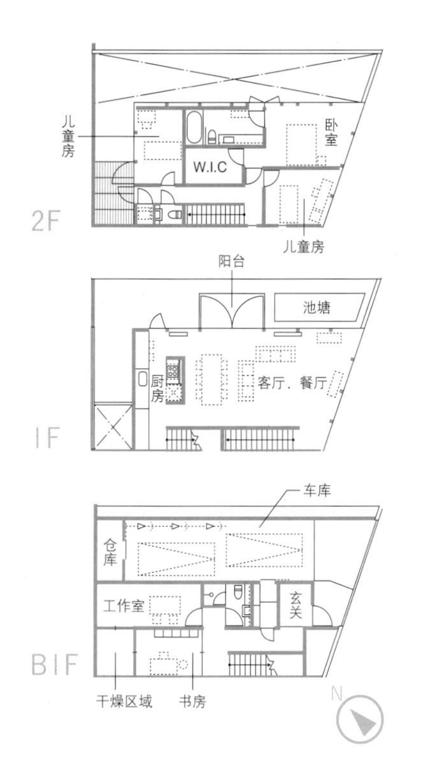

建筑设计室

森山善之＋竹内典子／
建筑设计事务所Baqueratta

东京都港区南青山5-10-17-3F
TEL：03-5744-0016
URL：http://www.baqueratta.com

吸引目光的
艺术海报效果

挂在混凝土墙面上的古董海报。给时尚空间带来冲击，营造出华丽氛围。

卧室

白色卧室里的鲜艳配色

墙上挂着由Frank Joseph设计的Svenskt Tenn公司布料饰品。Eames的红色“大象凳”十分醒目。

厨房

追求极致的简明厨房

自然光线满溢的理想厨房，尽可能收起小摆饰，追求极简。流理台下的门为胡桃木料，增添温馨氛围。

03

北欧风格

北欧风土蕴育出的鲜艳布料和极简的机能性在家具中也备受欢迎。采用丹麦、瑞典、芬兰等北欧国家时尚室内装潢的正是北欧风格，

北欧风格的重点

1 家具选用北欧设计师具有代表性的简单、有机设计。

2 大量使用天然木料、胶合板、毛料、麻布等素材。

3 以白色、亚麻色，粉彩等自然色为底色的各种小摆件。

4 灯光除了温馨外，更营造出雅致、极简氛围。

采用北欧设计的家具、杂货

北欧风格室内装潢的历史悠久，从纯朴的木料形象到近代工业设计等都全球知名。特别是Hans Jørgensen Wegner的“Y chair”、阿纳・埃米尔・雅各布森（Arne Emil Jacobsen）的“7号椅”等堪称家具标准的名作家具，还有louis poulsen公司、LE KLINT公司的灯具及Marimekko公司的布料等，产品种类充实与高度设计性令人惊叹。

进入20世纪后，北欧设计受诞生于欧洲的机能主义影响发展至今。由直线、人工曲线构成，除了营造出摩登氛围，也同时让人感受到木料的温馨。使用自然色泽让人联想起森林、湖泊，酝酿出柔和气氛。因此北欧风格可以说与简明＆自然风格共通处众多。由于冬季漫长、严寒，因此北欧各国居民大多在家中度过。特征则是从日常生活中衍生而出的独特杂货、自然素材、以大自然为主题的小摆件、色彩鲜艳的布料。营造北欧风格的捷径是优先选用北欧产家具、灯具。

北欧家具

北欧家具兼具木料温馨氛围、高度设计感与实用性。由建筑师阿尔瓦尔·阿尔托（Hugo Alvar Henrik Aalto）与夫人创立的芬兰Artek公司，阿纳·埃米尔·雅各布森（Arne Emil Jacobsen）、Hans Jørgensen Wegner等创作者辈出的丹麦，只要选用一件北欧各国名作家具，就能营造出北欧风格。

阿尔瓦尔·阿尔托的凳子

（Hugo Alvar Henrik Aalto）

能感受到木料温馨氛围的极简设计，能叠放收纳的凳子。“No.60”1万8900日元（约人民币979元)起 / SEMPRE总店

阿纳·埃米尔·雅各布森（Arne Emil Jacobsen）的7号椅

配合人体曲线设计的椅子。是代表性北欧畅销家具之一。“7号椅”4万8300日元（约人民币2503元）起 / hhstyle.com

Hans Jørgensen Wegner的Y chair

北欧最知名的家具作品之一．特征是流畅、优美的曲线。“Y chair”7万8750日元（约人民币4080元)起 / Carl Hansen & Son

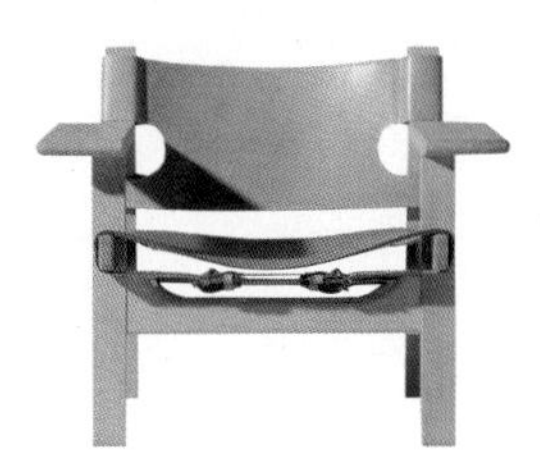

rge Mogensen的Spanish chair

丹麦代表性创作者作品。皮革与木料，强度与纤细的绝妙融合。“Spanish chair”34万7550日元（约人民币18007元起 / Scandinavia 客厅

北欧设计灯具

北欧家具远近驰名，灯具的崭新设计性与独特外型，还有杰出作品数量之多可与家具不相上下。严寒气候蕴育出给生活带来温暖的灯具，有近代照明之父美称的保罗·汉宁森（Poul Henningsen）、丹麦照明业者LE KLINT等，都非常有名。

louis poulsen公司

保罗·汉宁森（Poul Henningsen）设计的项链型灯具“PH50”（上方照片）与“PH 雪球”（左侧照片）都是在灯具历史上留名的名作。“PH50”8万6100日元（约人民币4461元）/ SEMPRE总店＊“PH雪球”的照片为示意图。

LE KLINT公司

由Poul Christiansen设计。使用大量曲线的独特造型。“172A”3万1500日元（约人民币1632元）/ YAMAGIWA Online Store

充满玩性的杂货·布料

北欧风格魅力在于令人联想起大自然的天然氛围中，使用可爱的颜色也充满玩心性。北欧代表性布料业者Marimekko公司、陶器业者Arabia公司、玻璃产品业者littala公司等，布料、杂货都充满北欧风格。

以湖泊为主题的玻璃花器

芬兰玻璃产品业者－littala公司与阿尔瓦尔·阿尔托（Hugo Alvar Henrik Aalto）合作设计的花器。“花瓶120mm clear”1万4700日元（约人民币761元）/ 北欧、生活用具店

色泽、图案醒目的茶杯与托盘

Arabia公司为1873年创业的芬兰知名陶器业者。Paratiisi系列之美，让人忍不住想凝视。“茶杯＆托盘”7875日元（约人民币408元）/ 北欧、生活用具店

以罂粟花为主题的布料

Marimekko公司为芬兰的代表性布料业者。罂粟花布料“UNIKKO”特别受欢迎。“椅垫套”3990日元（约人民币207元）/ 北欧、生活道具店

色彩鲜艳的杂货营造出欢乐时尚且充满玩性的空间

神奈川县 · Y宅

夫妇＋孩子2人
独栋
木造
地上2层楼+夹层

餐厅

以杂货装饰家人聚集处

以白色为底色，灵活运用柚木色泽的餐厅，室内装潢整体以北欧风格统一。灯具使用保罗　汉宁森（Poul Henningsen）的“PH50”。厨房架上摆设的红色、蓝色小摆设、椅子也是装潢重点。

厨房

纯白的厨房桌面
令人印象深刻

上色的吊挂式厨房棚架，陈列着主人喜爱的餐具、杂货。鲜艳的红色、蓝色搪瓷衬托出木料纹路。

洗手间

狭窄空间
也通过油漆打亮

墙面重复涂上合成树脂乳胶漆，涂成鲜艳的粉红色。墙上还贴有蝶形贴纸，好可爱！

玄关

独特的
开放式玄关

入口处放有瑞典国旗图样的脚垫。鞋子、东西不收纳，摆放在订做的架子上。

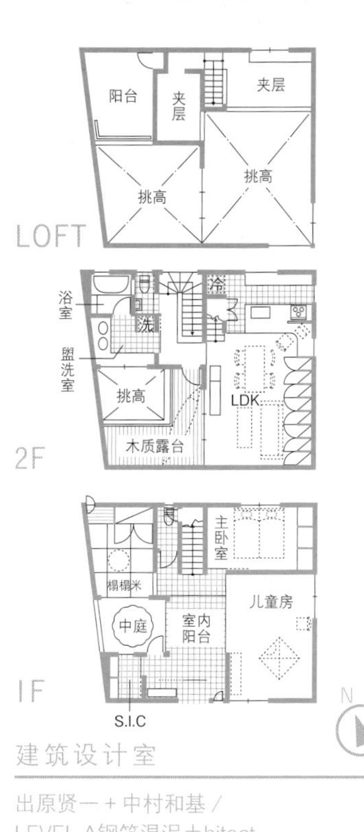

建筑设计室

出原贤一＋中村和基／
LEVEL A钢筋混泥土hitect

东京都品川区大井1-49-12-305
TEL：03-3776-7393
URL：http://www.level-architects.com/

客厅

与舒适的家具
一起生活

用简单却不腻的北欧家具打造抢眼的客厅。自然素材的温馨氛围与都市的简明风格融为一体。

北欧风格　实例2

以北欧家具和灯具营造出柔和舒适的空间

琦玉县·N宅

夫妇
独栋
重量木骨（SE结构：安全工程建造方法）
地上2层楼

客厅

清爽的绿墙搭配北欧风格室内装潢

不透光的开心果绿柔软墙面与白色天花板，营造出清爽氛围。再以Marimekko公司的靠垫、装饰用板，louis poulsen公司的PH50灯具、木纹美丽的北欧产茶几等点缀，随处都能看到对北欧风格的坚持。

厨房

以奶油色统一的
订制厨房

奶油色的厨房配合焦糖色桌面，营造出自然氛围。动线、配置不愧是ekrea的订制厨房，十分好用。

卧室

以令人放松的奶油色营造出舒适空间

不同于客厅，卧室采用柔和奶油色墙壁，营造出令人放松的空间。绿色装饰用挂毯、蓝色沙发增添配色。

浴室

与盥洗室连成一气的
宽敞一体成型浴室

白色的洗脸台、浴缸，搭配厚重的深咖啡色。从洗脸台到浴缸采用透明隔间，营造出一体感。

盥洗室

大象挂毯
营造出明亮氛围

2楼大厅设有洗脸台。楼梯后方挂有色泽鲜艳的挂毯，营造出明亮、可爱氛围。

建筑设计室

田村贵彦（casabon居住环境设计）/
株式会社参创Houtech

东京都文京区大冢3-5-9住友成泉小石川大厦别馆6F
TEL：03-5940-4451
URL：http://www.juutaku.co.jp

04 民族（Ethnic）风

营造出犹如亚洲度假休闲胜地一般的氛围。

中国等中亚各国及中东、中南美等民族艺品风格家具、小摆设、编织品等装饰用品。

Ethnic的意思是“民族的”，指的是采用泰国、印尼、巴厘岛、韩国、

（照片提供：a.flat）

民族风的重点

1 选用深咖啡色木料，灯罩选用天然素材。

2 摆件使用叶片大且颜色深的南国氛围植物。

3 尽可能采用灯笼、柚木、麻、竹子等天然素材。

4 家具摆设与室内装潢尽可能采用直线。

采用亚洲风格杂货、植物

民族风的理想目标是兼具亚洲朴实风格与典雅优质品味，统一营造出度假休闲胜地的酒店氛围。

例如手工编织简雅朴实的泰国丝、中东绣织地毯等复杂编织品等，编织品是非常重要的单品。编织品的织法、图案种类繁多，各具特色，能感受到传统技艺与手工制品的温馨氛围。想营造东方氛围时，灯笼、凤眼蓝、藤蔓等植物编成的椅子、篮子等小摆设也不可或缺。

另一个不可或缺的要素是植物，请选择天堂鸟、赫蕉等深绿色，叶片大且厚的植物，能轻松营造出大自然环抱下的休闲胜地氛围。韩国李朝家具、中国家具、印尼产高级木材——柚木等也值得推荐。想营造亚洲风格与其选择淡色，不如选择深色木料。

一方面采用不同国家的独特单品，一方面想统一整体风格，不妨以自然色调统一，混合使用平滑带光泽单品。

民族风家具

想营造出度假休闲胜地风格的室内装潢，以天然素材制成的家具不可或缺。建议您避免使用以老木材等制成的民族风味过强家具，选用木材表面平滑的直线线条家具。色调越深看起来越高级，某些部分采用植物编织，如竹子等，还能营造出轻快、时尚氛围。

以凤眼蓝为原料的休闲椅

薄扶手与细椅脚的设计营造出成熟氛围。“凤眼蓝・休闲椅v02”4万9560日元（约人民币2544元）/ a.flat

柚木长椅

格子状椅背让人印象深刻，搭配民族风椅垫。“休闲椅”4万1790日元（约人民币2145元）/ 亚洲室内装潢集团

柚木与竹子桌

玻璃桌面下能看到竹子的结构。“南国渡假村桌”2万3310日元（约人民币1197元）/ 亚洲室内装潢集团

气氛绝佳的灯具

灯具是决定房间氛围的重要单品。灯具的种类、灯罩也可配合整体风格以民族风统一。落地灯、桌灯等补助灯具建议选用自然素材。最理想的是不仅开灯时能闪耀民族风光辉，不开灯时的造型也一样迷人。

贝壳灯

柔和光泽是魅力所在。“贝壳四方型吊灯（S）琥珀综合”1万2000日元（约人民币616元）/ KAJA Resort Furniture

灯笼灯

从缝隙中透出的光线营造出如梦似幻的氛围“灯笼吊灯－S”7140日元（约人民币366元）/ 亚洲室内装潢集团

竹子落地灯

深色竹子排成栅栏状，光线氛围魅力十足。“竹子落地灯”3万2760日元（约人民币1682元）/ a.flat

朴实风味的杂货・编织品

和家具一样，避免选择过于朴素的民族风杂货，尽可能选择能与时尚空间融为一体的单品。引人注目的大型杂货，建议您选择线条简单且看不腻的类型。如果想营造民族氛围，可以选择以植物编成的小型摆设，是营造出优雅氛围的秘诀。

赫蕉制纸卷盒

以赫蕉编成的篮子是巴厘岛工艺品，越用越有味道。“赫蕉制纸卷盒”1680日元（约人民币86元）/ 亚洲室内装潢集团

贝壳镜子

贝壳的柔和光泽引人注目。“贝壳镜子（S）金色”1万4000日元（约人民币719）/ KAJA Resort Furniture

颜色鲜艳的编织品

可用来作为房间的重点或覆盖物。“帝汶岛 伊卡编织品#17”1万7800日元（约人民币914元）/ KAJA Resort Furniture

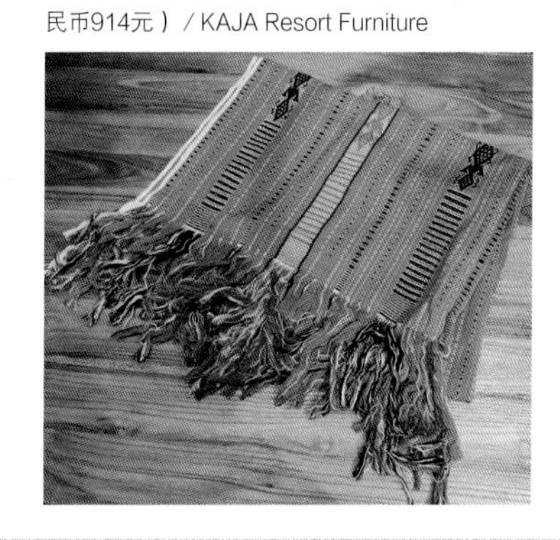

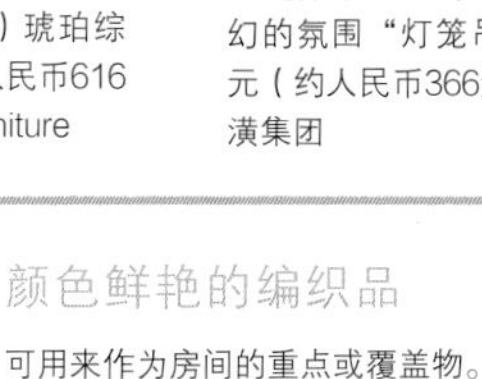

充满异国风味的亚洲度假胜地空间

东京都 · H宅

夫妇＋孩子1人
独栋
木造3层楼 · 地下1层楼

玄关

地板犹如图画一般的大厅

犹如饭店大厅一般的奢华氛围玄关大厅，引人注目的红色地毯是土库曼产。大叶片植物营造出南国氛围，将风眼蓝摆设在中央，古董中国家具、玻璃灯等，营造出独特氛围。

浴室

犹如酒店一般的浴室

黑白统一的时尚浴室。将洗脸台做得犹如家具一般，摆设植物，营造出轻松氛围。

厨房

雅致的时尚厨房

优雅质感融为一体的厨房。选用金属制植物花盆，营造出清新感与雅致氛围。

餐厅

高雅的度假胜地风味餐厅

楼梯旁的装饰用铁屏风是古董品，透明质感的Foscarini公司玻璃吊饰灯具“caboche”、藤椅的重点在于不要让氛围过于沉重。

3F

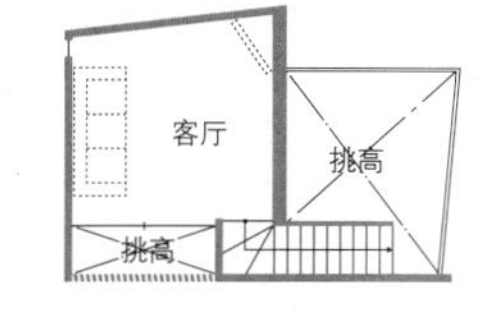

2F

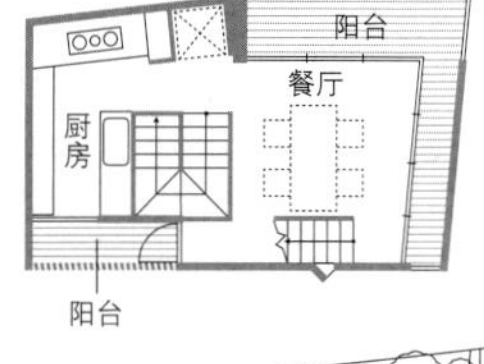

1F

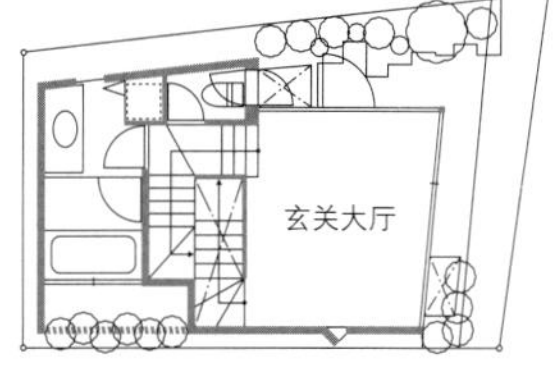

B1

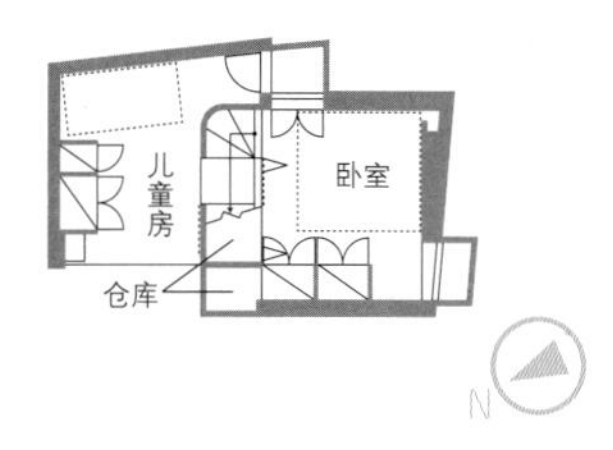

客厅

植物是重要的配角

走上挑高楼梯就会看到客厅，以龟背藤等大小不同的植物装点角落，营造度假胜地氛围。沙发颜色也以绿色统一，搭配民族风编织品营造出亚洲氛围。

建筑设计室

浅利幸男 / Love Architecture
一级建筑师事务所

东京都世田谷区梅丘1-29-2
Kasamadore205号房
TEL：03-5844-6830
URL：http://www.lovearchitecture.co.jp

民族风　实例2

木料与水泥融为一体的亚洲氛围空间

东京都 · A宅

夫妇＋孩子2人
独栋
RC部分钢骨建筑
地上3层楼

卧室

以家具、杂货营造出亚洲氛围

摆设明朝风味茶几，犹如南国度假胜地饭店一般的卧室。床上摆设的垫子及床边植物让民族风更明显。此外，正面墙上以艺术品方式装饰民族风布料，形成注目焦点。

采用充满玩性的杂货

楼梯下摆设着缠有蕃薯藤的烛台与古典鸟笼，独特单品能成为室内装潢亮点。

活用古董和服腰带、民族服装

颜色艳丽的布料可以铺在柜子上，将植物、杂货摆饰其上等，广泛应用于营造氛围上。

餐厅

餐桌也摆设成亚洲风

能坐10个人的大餐桌，中央铺着古董和服腰带，营造出亚洲氛围。是容易采用的设计手法。

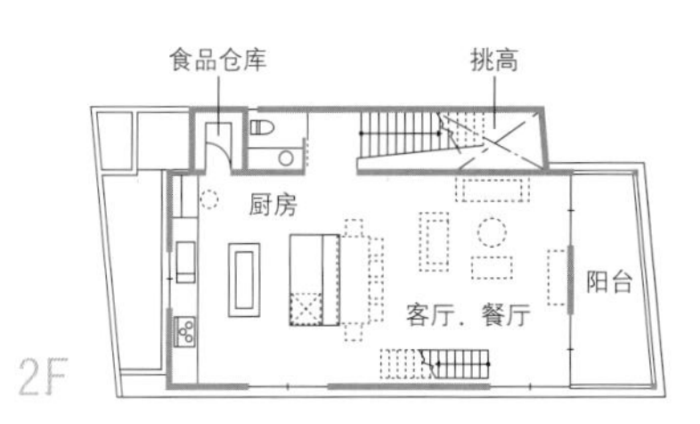

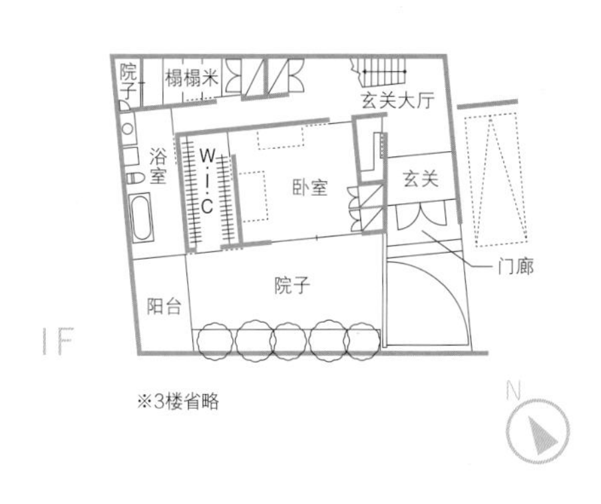

※3楼省略

N

浴室

木料与植物的疗愈功效

将印尼产木材“Ulin”制甲板放在水泥上的浴室。室外的植物营造出开放氛围。

盥洗室

洗脸台也是民族风

洗脸台是订制的韩国李朝风格。洗脸台上摆设有能激发想象的铁制龙装饰。

建筑设计室

井上洋介 / 井上洋介建筑研究所

东京都中野区江古田2-20-5 3F

TEL：03-5913-3525

URL：http://www.yosukeinoue.com

05

咖啡厅风格

不少人开始采用作为家居装潢风格。老板凭个人喜好收集的家具、小摆设营造出独特世界观，备受欢迎，90年代后半期，咖啡厅式的室内装潢风格开始受到瞩目。

咖啡厅风格的重点

1 厨房最好有吧台或能作为吧台使用的家具。

2 家具、小摆设类即使不一样，只要有原则就可以。

3 沙发是能放松的咖啡厅风格必要单品。请选择体感舒适的沙发。

4 怀旧的吊饰灯具营造出咖啡厅氛围。

收集喜爱的家具、小摆设，营造出能让人放松的空间

咖啡厅风格涵盖范围广，法国风味、美式餐厅风味、酒吧式咖啡厅风味等，种类繁多。其间共通的重点是“能让人放松的悠闲空间”。请将室内装潢设计重点放在营造出悠闲氛围，能让人想逗留其中的舒适感。

咖啡厅风格不受严格规则束缚，重视自己喜爱的单品，因此没有必要统一家具、小摆设的设计。餐厅的椅子等也不需要都一样，可以混合使用设计感强的独特椅子。此外，能悠闲放松的沙发不可或缺，请选择您自己喜爱的单品。沙发旁不妨摆放杂志等，易拿取很方便。使用可以摆设餐具、照片等的开放式收纳，能进一步强调咖啡厅风格。此外，很希望能有代表咖啡厅的“吧台”。如果没有现成吧台，不妨在厨房前设置能作为吧台用的家具，设法营造出咖啡厅风格。

能放松的椅子·沙发

能放松畅饮咖啡的时间。营造咖啡厅氛围的重要单品是舒适的椅子、沙发。选择的重点是让人想起轻松时代氛围的怀旧感，仿佛只要坐在上面就能遗忘繁忙的日常生活。此外，随意采用沙龙系列椅子、沙发也是重点之一。

长期热销的沙发

karimoku60的老牌系列。日本昭和年代氛围且不会褪色，兼具安心感与舒适感是魅力所在。“K chair”1 seater standardblack 3万2550日元（约人民币1671元）/ karimoku60

怀旧氛围的沙发

活用木料、铁等素材质感。扶手采用栎木，框架则是不锈钢。“HR SOFA 2-SEATER”16万6740日元（约人民币8559元）/ TRUCK

越用越有味道的椅子

特征在于不锈钢框架与靠背的铆钉，可用于办公。“DESKWORKCHAIR”6万1950日元（约人民币3210元）起 / TRUCK

犹如咖啡厅般的吧台

铺有艳丽蓝色瓷砖的厨房吧台。海报装饰，营造出咖啡厅风格。

吧台一体型餐厅

开放氛围，能让大家越聊越开心。餐厅吧台侧面的木料色泽与餐桌色泽统一。

开放式厨房

室内装潢自由度高的咖啡厅风格，但务必希望能采用开放式厨房。即使不是现成设备，只要能面对厨房，能当成吧台使用的桌子也OK。家人齐聚一堂，一边聊天一边用餐，吧台是能营造出幸福空间的单品。

铝制开关板

上面写着“请随手关灯”的讯息。“SWITCH PLATE-ALUMI”504日元（约人民币26元）/ Pacific Furniture Service

重叠的马克杯

新色Pacific Blue上市，能重叠收纳，也适合供客人使用。“ORIGINAL MUG”1260日元（约人民币65元）/ Pacific Furniture Service

不锈钢制柜子

在美国学校等使用的柜子。共有4色。“LYON 5-TIER LOCKER”4万950日元（约人民币2102元）/ Pacific Furniture Service

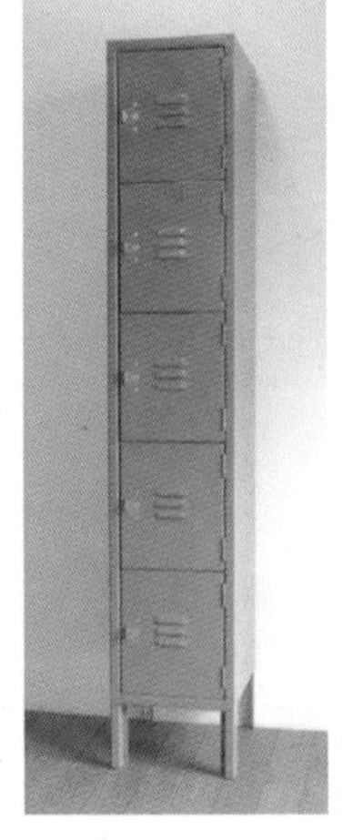

精选的杂货·单品

咖啡厅风格房间中使用的杂货，应该都是符合主人品味的爱用品。连细节都坚持的心态，对咖啡厅风格来说不可或缺。在户外市集、古董店找到的心爱门把、开关板等，可以随兴装饰，小细节也能传达世界观。

咖啡厅风格　实例1

喜爱单品环抱下的舒适空间

东京都 · S宅

夫妇＋孩子1人
独栋
钢筋混凝土＋木造
地上1层楼 · 地下1层楼

客厅 & 厨房

充满木料温馨氛围的咖啡厅风格客厅

客厅设有木制桌面的大型吧台厨房，以方便聚会。梁柱、墙面都涂成白色，进一步强调木纹。桌子则是英国制古董桌，灯泡罩则是木工作家创作的木制灯罩。

厨房

展示收藏品的收纳

水槽旁设置玻璃制开放式展示柜，除了有收纳功用外，还能同时展示装饰品、玩具收藏品。

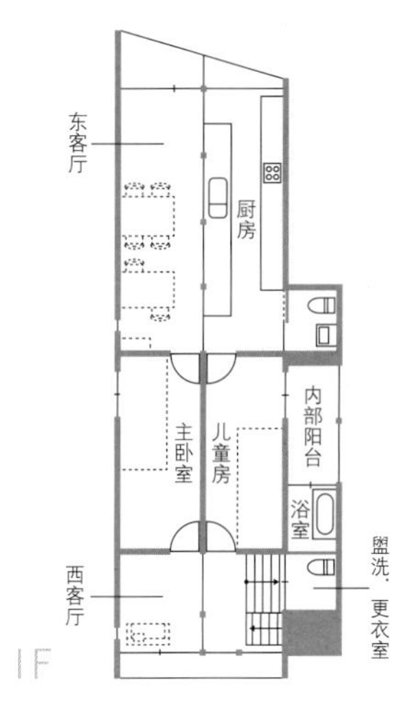

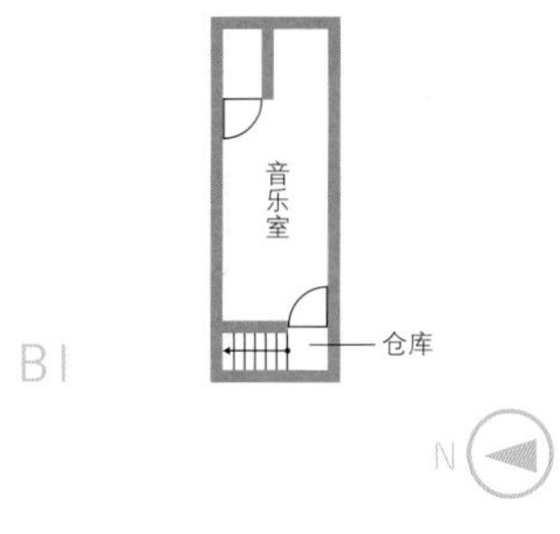

工作空间

凌乱的美

厨房吧台的延长线上有夫人的工作空间。开放架子看起来十分时尚，重点在于凌乱的档案、盒子风格。不用灯罩的吊饰灯泡也充满怀旧氛围，十分可爱。

玄关

心爱的鞋子不收纳而加以展示

展示在外的家人用鞋子，玄关没有鞋箱，一部分鞋子收在活用楼梯下方空间的收纳用抽屉中。

盥洗室

连小摆设都精选的咖啡厅风格

法国怀旧风格的水龙头，搭配选用古董风格镜子。压头式容器、纸胶带也非常时尚。

建筑设计室

中佐昭夫／
Naf・Architect & Design

东京都世田谷区奥泽2-12-3
丸长大厦303
TEL：03-5731-7805
URL：http://www.naf-aad.com

咖啡厅风格　实例2

以古董家具营造出的放松空间

东京都 · K宅

夫妇
独栋
木造
地上2层楼

客厅 & 餐厅

古老质感
让人倍感温馨

这对夫妇非常喜欢逛咖啡厅、古董店，房间也让人觉得怀旧。老木料粗糙质感的地板上摆设着老家具，柱子、楼梯也配合家具、建材涂成深色。沙发、长凳、椅子等能坐着放松的场所众多。

客厅

兼具怀旧、摩登的展示

毛玻璃的古董家具里的摆件若隐若现，营造出怀旧氛围。柜子上还能设置主人喜爱的小摆设。

沙发的绿色是点缀

咖啡色的房间与柔和的绿色沙发形成美丽的调和。旁边摆设古老高日式柜子，收纳日常用品。古老质感非常搭配咖啡色房间。

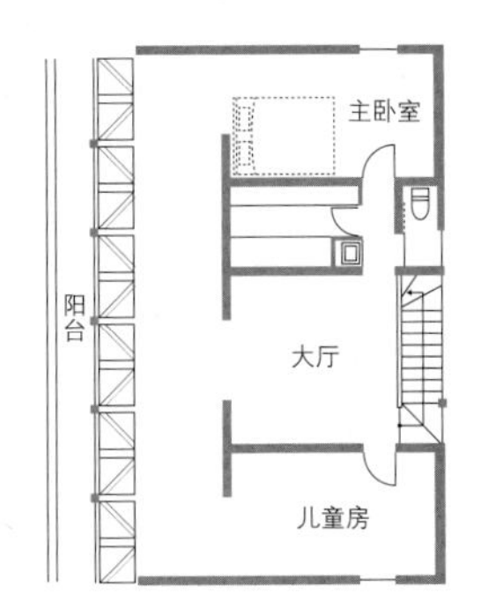

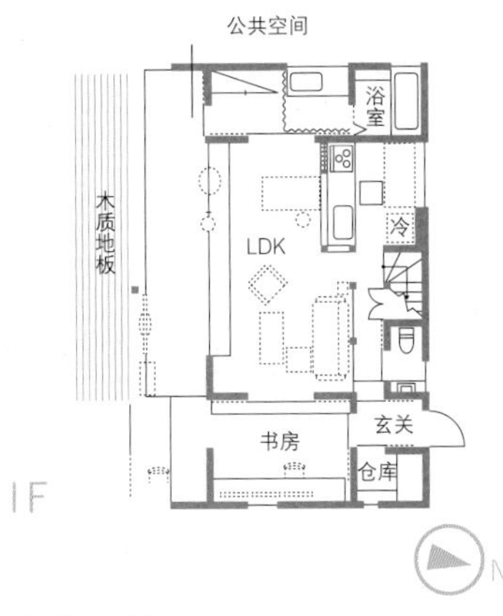

建筑设计室

大桥崇弘＋熊泽英二＋中里裕一＋村上胜＋田部井章
*studio LOOP建筑设计事务所

群马县邑乐郡板仓町朝日野2-4586-26 101
TEL：0276-82-5730
URL：http://www.studioloop.net

工作空间

重新做的玻璃门采用日式拉门设计

客厅对面的书房里，隔间用的拉门是以往日本民房用的玻璃门。重新嵌入3种不同的玻璃，营造时尚氛围。

厨房

菜肴等从小窗户送出上菜也十分顺畅

餐桌椅紧邻厨房吧台设置，可以一边煮菜一边跟家人聊天，餐厅用椅子也是咖啡厅风格，故意不统一。

06

摩登日式风格

日式单品能让人感受到简单朴素中的精致美感。保留便利处，加进日式元素的正是摩登日式风格。地板、椅子、桌子等，在西式生活方式已经十分普及的现代，

低矮家具
习惯坐在地板上生活的日本人接近地板的生活方式比较舒适。

日式小摆设
餐具、摆设等采用日式设计。

摩登日式风格的重点

1 家具类采用直线设计，以洁净白木为主。

2 墨黑、朱红小摆设能进一步强调日式氛围。

3 装潢整体接近地板，选用低矮家具。

4 和纸、榻榻米、柱子、帘子等，加入日式素材点缀。

西式室内装潢搭配日式家具、素材

虽说生活在纯日式房子里的日本人越来越少，但日式单品仍然会引起日本人的共鸣。此外，长久以来日本人选择直接坐在地板上的低姿势生活形态觉得接近地板比较轻松。一方面保留经常坐之处，改用较矮的沙发或较矮的和室椅等，采用接近地板的家具，就能营造出日式氛围。另外，使用可从多种颜色中任选的组合榻榻米，就能轻松将地板房间改变成日式，扩充设计范畴。

最快的方法是选用自然材质的室内装潢单品，除了木材外，藤、柱子、蔺草、和纸、石材、泥土质感强的陶器等，也可作为重点装饰。请选择简单、雅致的单品。

例如，您可以在角落装饰青苔球、迷你盆栽。和纸灯具的光线柔和，有心理疗愈功效。也推荐您采用能添加日式风情的日式家具。

低矮家具

低矮沙发、桌子等，这个风格的基本原则是以能将视线吸引到较低位置的统一装潢。放低姿势，房间会显得更宽敞，感受到与西式房间截然不同的放松感。设计上，请选择简单的日式家具，就能融入目前的生活形态而不显得突兀。

能坐在地板上的沙发

柔软的聚胺脂材质低沙发。也能作为低和室椅使用。“SKIP 1 MINI”L型R＋L的双件组12万6000日元（约人民币6468元）/ MARUICHI saling

日式柜子

推荐作为电视柜或厨房吧台使用。“近江水屋柜（仅限上段）”22万日元（约人民币11340元）

日式和室椅

引领工业设计的渡边力先生作品复刻版。“绳椅”无附坐垫11万9700日元(约人民币6144元）、附坐垫12万9780日元（约人民币6662元）/Nippon Form

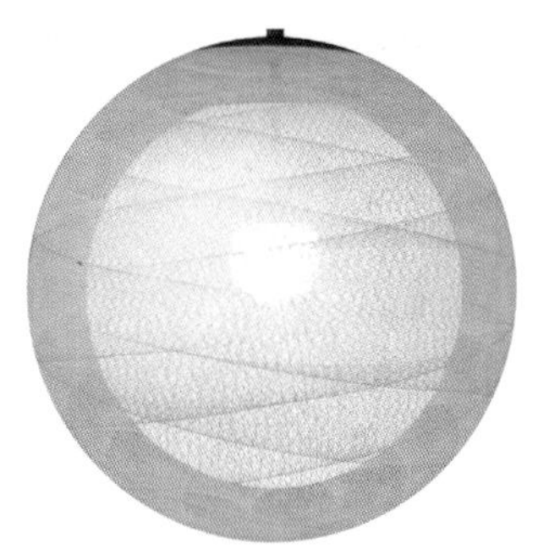

玻璃纤维灯罩的吊饰灯具

犹如透过和纸般质感的光线。“彦吊饰二重”Φ39 3万450日元（约人民币1580元） Φ50 3万5700日元（约人民币1850元）/ Nippon Form

白瓷烛台

点火后就会看到犹如透过枝叶般的光线。“Branches of Light S”4000日元（约人民币205元）/ MA by So Shi Te

竹制吊饰灯具

亚克力板装饰能让光线更为柔和。“KAGUA-64PW”8万9250日元（约人民币4581元）/ Nippon Form

日式原料灯具

有目地性的选择灯具，能让摩登日式风格更添舒适感。除了主灯具外，不妨随处配置小小的低矮台灯作为补助灯具。灯罩请选择和纸、竹子、山毛榉、栎树等木材、乳白色陶器等日式单品，活用日本传统工艺技术制作的摩登单品种类繁多，都可供选择。

寄木工艺小盒

名片大小。图样犹如麻叶一般，不过度的强烈的存在感。“寄木八重麻叶小盒”3990日元（约人民币205元）/ MA by So SHi Te

竹合成材料花插

利用竹子弹性形成插花空间。“HOLLOW 竹花插”3150日元（约人民币162元）/ MA by So Shi Te

南部铁制茶壶

厚重材质的圆滑线条看起来十分可爱。“茶壶小鸡蛋”1万2600日元（约人民币647元）“小鸡蛋保温器”1万1550日元（约人民币593元）/ Nippon Form

日式小摆设

比纯日式设计涵盖的范围更广，可配合场所选择不同小摆设。配合现代生活模式，以高超技艺制造出的优质日西合璧单品种类繁多。花器、茶具等小摆设，光是摆设就能改变氛围，成为奢华装点。

自然元素与日式家具营造出的放松空间

神奈川县 · Y宅

夫妇+母亲
独栋
木造
地上3层楼

客厅 & 餐厅 & 厨房

独创的摩登日式LDK

厨房、餐厅桌子合而为一，垫高处取代椅子。使用深咖啡色水曲柳二料，制作同样原料的架子。小型摆件可以放宽摆设距离，座垫的颜色作为点缀。透过厨房旁的纸门，柔和的室外光线洒进室内。

客厅 & 餐厅 & 厨房

去除冗赘的极简设计

墙面使用混有中国黄土的矽藻土，柔和的黄色让空间整体显得十分明亮。选用简单灯具，利落的设计感与日式空间融为一体，增添摩登氛围。

阳台

兼具营造氛围的格子

房间随处设有格子，一方面可以阻断外部视线，却又能同时将光线、微风引进室内，是日本古来的传统单品。

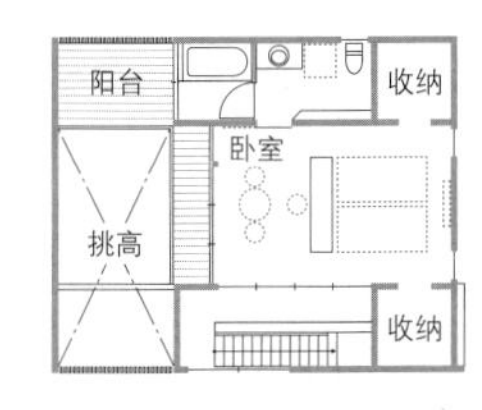

3F

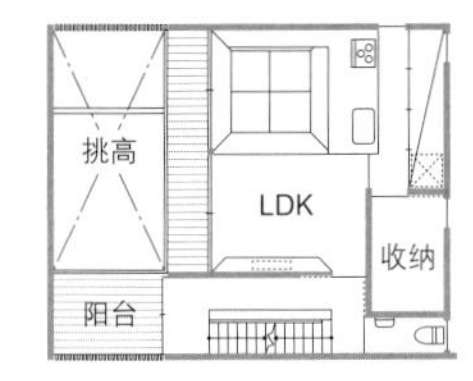

2F

1F

N

私人空间

日式、亚洲氛围相辅相成

从房间眺望室外的休闲角落。植物与小地毯略带亚洲氛围，蓝、绿两色的搭配清爽怡人。

浴室

度过幸福时光的浴室

能看到天空的浴室，犹如在室外泡汤。墙面使用瓷砖显得利落时尚，天花板则使用桧木木料，增添日式温馨氛围与自然风情。

建筑设计室

根来宏典／根来宏典建筑研究所

神奈川县川崎市中原区新丸子町749
House749-105
TEL：044-742-9646
URL：http://www.negoro-arch.com／

混凝土与日式元素同时存在的休憩空间

东京都 · M宅

独栋
钢筋混凝土结构
地上2层楼

客厅 & 餐厅

让人想起日本古老民房

2楼的客厅兼餐厅，透过格子窗，自然光线洒进室内。古老的日式衣柜与简单的电视柜邻接，却一点也不突兀。房间有一半是木制的垫高空间，餐桌下则是石地板，属于半日式结构。

古老建材 连接泥土地与卧室

M宅的1楼有泥土地空间。前方的钢筋混凝土墙使用犹如手工艺品般的老木料建材。后方则是装潢雅致的卧室。

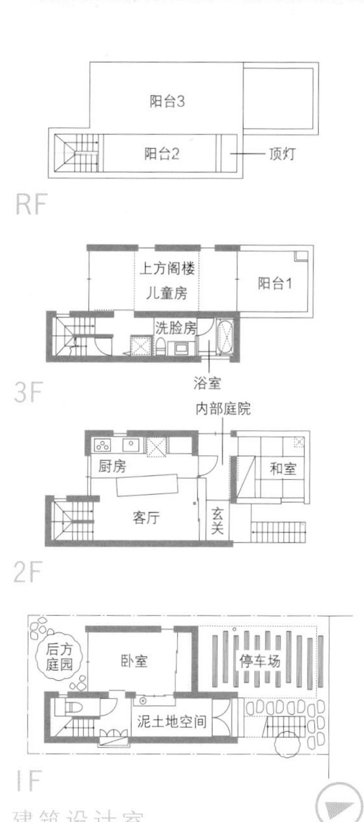

建筑设计室

西久保毅人／NIKO设计室

东京都杉并区上荻1-16-3森谷大厦5F
TEL：03-3220-9337
URL：http://www.niko-arch.com

玄关

直线与曲线同时存在的门

格子门加上扭曲铁材的玄关大门，不过度显眼却个性十足。一开门，就能看到泥土地空间与陶钵。

客房

时代交错的和室

平坦的和室可以作为客房活用，涂成朱红色的墙壁给人留下深刻印象。据称是来自祖父礼物的衣柜，是M宅摩登日式装潢的代表性存在。

07 欧风&古典风格

能为室内装潢添加难以言喻的风味。古董品独有的氛围，时光流逝也不会减退的价值，这个风格的魅力在于优质家具的高雅风格与装饰性布料、小摆设搭配的奢华美感。

（照片提供：萝拉・艾许莉）

欧风&古典风格的重点

1 选择线条简单的古董家具。

2 选用华丽、优雅灯具。

3 采用花朵、植物图案布料。

4 选用曲线优雅的椅子。

以古董家具营造优雅氛围

欧洲有众多历史悠久的国家，存在种类繁多的室内装潢风格。备受欢迎的实例之一是充满法国优雅氛围的洛可可风，还有英国的安妮女王风、维多利亚风、乔治亚风等。古董一般指的是制造后超过100年以上的单品，拥有不同的历史背景，十分高雅。在日本的一般住宅里，大多很难搭配这类单品。想在装潢中采用欧风＆古典风格的重点在于，从18到20世纪初期的单品中，选择设计上居于古典、装饰风之间的简单单品。此外，也能选择具备优雅氛围，简单而能搭配日式房间的家具、装饰品、小摆设等。例如灯具、茶几等尺寸较小，容易搭配的单品，因此推荐初学者选用。

首先尝试摆设在房间的聚焦点，古典的氛围就会形成房间的整体印象。

古董家具

家具不需要太在意年代，只要有一定年代、特殊风格就好。关键在于女性化线条。例如脚部曲线圆滑的弯脚，就是这个风格的典型。装饰性太强的家具难以搭配，请选用简单单品。

栎木化妆台

镜子下方两侧有小抽屉。“化妆台”17万6400日元（约人民币9055元）/ Royce 古董青山

桃花心木柜

前方以寄木工艺营造时尚氛围的柜子。“Q / A 柜”27万900日元（约人民币14036元）/ Royce 古董EGOIST

栎木扶手椅

20世纪20年代前后的作品，柔和曲线温柔包覆身体。“扶手椅”13万1250日元（约人民币6737元）/ Royce 古董青山

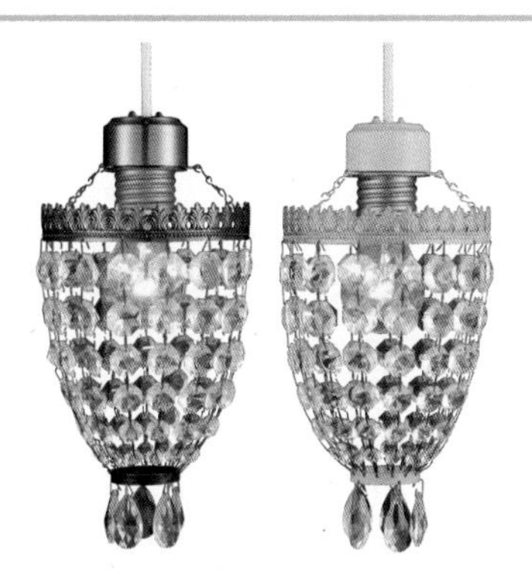

吊饰灯具

金属与玻璃的质感十分豪华。“Green Wood 水晶灯”古董铜（左侧照片）奶油金（右侧照片）2万6250日元（约人民币1347元）/ 萝拉・艾许莉

装饰灯具

鸭蛋蓝的灯饰看起来十分清爽。“Lala Complete Duckegg”2万2992日元（约人民币1180元）/ 萝拉・艾许莉

古董水晶灯

犹如城堡大厅般的豪华氛围。“水晶灯”26万2500日元（约人民币13474元）/ Royce 古董青山

优雅的灯具

如果已经以简单线条统一家具类，灯具不妨选用豪华的水晶灯，强调优雅的欧风。选用透明质感的灯具，不会感觉过于厚重，让房间充满明亮光线。灯具的光线可以选用明度高的白炽灯泡色，营造温馨氛围。

丝椅垫

只要摆设就会让椅子周边看起来十分优雅。“椅垫 绣球花图案 / 洋甘菊”6300日元（约人民币323元）/ 萝拉・艾许莉

花朵图案寝具

滚边的可爱印象与清爽色泽让人印象深刻。“被套 / 单人 / Hazelwood / 淡粉红色”8295日元（约人民币426元）/ 萝拉・艾许莉

小花图案窗帘

因为有红色，所以与咖啡色系的装潢也很搭。“现成窗帘（附流苏）1片 春季窗帘长135cm”4515日元（约人民币232元）/ 萝拉・艾许莉

花朵图案布料

欧风装潢中一定会用到以花朵、植物为主题的布料。桌布、窗帘、椅垫套等都使用有图案布料时，重点在于加以统一，避免过于繁复。

以古典风家具与优质小摆设营造华丽空间

客厅 & 餐厅

优质家具
营造优雅氛围

古典风餐桌椅与植物图样的沙发营造出高雅氛围。灯具当然也选用优雅的水晶灯，画框、窗帘轨道等处的金色更添豪华格调。椅垫与窗帘的色调统一也是重点。

客厅

具有整体感的高雅空间

地毯、椅垫等，采用多款华丽植物图样，但以雅致色调统合整体。

雅致的客厅

客厅有淡色植物图样沙发排成L字形，十分宽敞。即使有很多客人来访，也能从容应对。面对中庭的窗帘加上乔治亚式装饰，添加华丽、高级感。

厨房

细节也不放过

选用具装饰性的美丽餐桌椅，并铺上优雅的桌饰摆设花，更添华丽氛围。

玄关

将玄关变成小小画廊

用装饰花、艺术品使白色墙面的玄关更添气韵风味。不过度显眼的花、小摆设，以有效的辅助灯具打灯。

＊照片都是示意图。

照片提供 / Bruce Japan株式会社　http://www.bruce.co.jp/

08

乡村风格

让您充分享受朴实、手工制风格、年代感家具的趣味。同时在自家重现犹如身处国外乡间的氛围，这就是乡村风格。一边感受到木料温馨质感，

（照片提供 / Bruce Japan株式会社）

乡村风格的重点

1 木材活用原木风味，几乎不另外涂漆的自然风格。

2 使用大量有木纹的松木料、红砖、黄铜、棉布、羊毛等。

3 小摆设中也加入用旧的有年代感的单品。

4 放置杯子、盘子的餐具橱是代表性单品。

以自然风格家具、布料营造柔和氛围

乡村风格可因国家不同区分成美式、英式、法式等不同类型，日本人比较熟悉的应该是以加拿大东部爱德华王子岛为舞台的“清秀佳人”，或以美国拓荒时代为主题的连续剧“草原上的小木屋”。共通的关键字是“乡间生活”、“与自然共存”、“朴实”。

家具传承英国传统样式，具有手工质感的休闲氛围。整体而言使用大量以木料为主的自然素材。推荐您选择以松木、栎木制成的家具，在日常生活使用中独具特色。稍显厚重的配件，例如门把、柜子的把手等，还有仿古的黄铜色都与乡村风格非常搭配。乡村风格涵盖范围广，最近以白色、亚麻色为底色，雅致风格的自然乡村风备受欢迎。

关键单品是角度圆润的沙发、圆形装饰的桌子等，还有代表美式乡村风格的彩绘、拼布等手工制小摆设，近年来越来越多人会自己动手做。

松木家具

经常用来制作家具的松木料，在以休闲氛围为特征的乡村风格中，使用色泽明亮、木纹明显的松木。此外，脚粗，一边旋转木料一边削的装饰也是特征之一。厚重的沙发、木制餐具橱等也不可或缺。

餐具橱

直线线条十分时尚。"LOHAS松木家具 coto cotori玻璃橱"7万3100日元（约人民币3752元）/ MOBILE GRANDE

咖啡桌

小型桌子，抽屉可用来收纳小摆设。"派翠西亚咖啡桌"6万6150日元（约人民币3395元）/ 特诗莉室内装潢

餐桌椅组

用旧了会变成浅咖啡色。"LOHAS松木家具 餐桌5件组"12万9400日元（约人民币6642元）/ MOBILE GRANDE

格子椅垫

如果有用旧的感觉更好。"格子椅垫（黑）"2756日元（约人民币141元）/ 特诗莉室内装潢

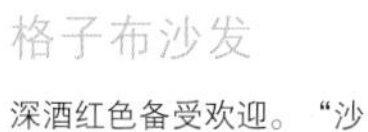

格子布沙发

深酒红色备受欢迎。"沙发（双人 酒红色）"8万4000日元（约人民币4311元）/ 特诗莉室内装潢

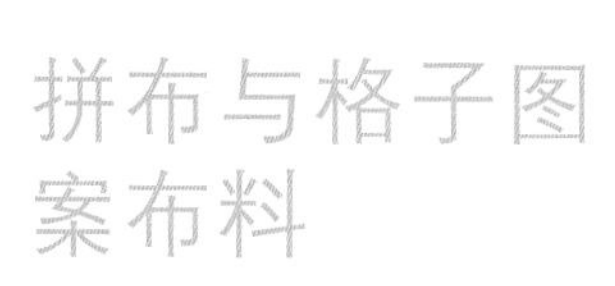

拼布床罩

缝合多种图样布料的床罩。"MELODY拼布（单人）"2万9400日元（约人民币1509元）/ 特诗莉室内装潢

拼布与格子图案布料

拓荒时代，人们生活在非常严苛的环境里。在如此生活中应运而生的手工制精神也表现在布料上。其中最具代表性的手工制品就是拼布，从不浪费碎布的生活智慧中应运而生。其他像是泛白的棉布、格子图案布料等朴实的风格，就是乡村风格。

朴实的杂货

杂货、小摆设的关键字是"温馨氛围"。用旧的油漆木框、跟家具一样以松木制成的厨房用具、搪瓷容器等摆件都是代表性单品。此外，以园艺道具装潢室内也是与自然共存的乡村风格。耐久性强的马口铁制小道具备受欢迎。

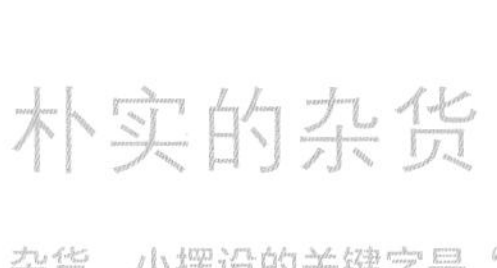

马口铁洒水壶

用来展示也OK。"镀锌洒水壶"3万9900日元（约人民币2048元）/ 特诗莉室内装潢

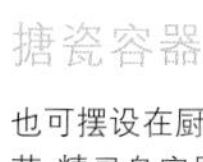

搪瓷容器

也可摆设在厨房以外处所。"特诗莉 精灵鸟容器"2940日元（约人民币151元）/ 特诗莉室内装潢

松木面包保存盒

侧面线条与正面雕刻深具乡村风格。"面包保存盒"1万3650日元（约人民币701元）/ 特诗莉室内装潢

松木家具与独具特色的小摆设营造出朴实、温馨空间

客厅 & 餐厅

以乡村风格单品统一的餐厅

选用适度装饰性的松木餐桌，蕾丝编的桌垫更添柔美女性味。挂在椅子上的布料也营造出乡村风味。架上的杂货等也选用朴实单品。

恰当展示搪瓷容器、篮子

搪瓷容器、篮子、具装饰性的盘子等，可以不要收进柜子里，展示在架子上或装饰架上。

格子布沙发是乡村风格代表性单品

客厅以酒红色的沙发为中心，蓝色的地毯也非常搭配。咖啡桌与杂志架也选用松木制单品，圆滑曲线营造出柔和氛围，收纳也很方便。

厨房

木料与植物
营造出温馨的厨房

利用木质矮墙，红砖风味瓷砖等，营造温馨厨房。厨房旁的花篮里装饰有众多花草，十分抢眼。脚踏垫则与客厅用地毯统一。

卧室

拼布床罩美丽大方

松木床头板营造出自然氛围，床罩则是乡村风格的拼布制成。

儿童房

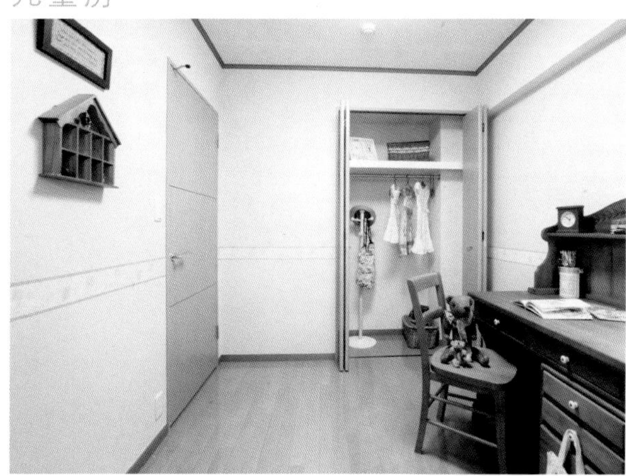

儿童房书桌
也选用松木制单品

如果家里有小学、初中生，有这样的桌子就很方便。除了机能性外，木料线条温和，能留下可爱印象，并营造温馨氛围。

＊照片一律为示意图。
照片提供 / 特诗莉室内装潢
http://auntstella-interior.jp/

专栏 1

统一室内装潢风格的重点是？

试图隐藏不同风格的单品反而会更显眼

能一次翻新房间室内装潢、家具氛围的机会并不多，就算重新装潢，大概也会沿用原有的家具。也原有的家具也可能跟新买的家具不搭。

为了统一室内装潢风格，不妨将风格不同的单品藏起来或放在不显眼的地方。或是可以用搭配房间氛围颜色、质感的布料盖起来，放在休息时不容易看到的地方，以减轻突兀印象。将风格不同的家具分类，以窗帘或家具等区隔在不同角落，也是个不错的方法。

虽然与房间风格不同，如果您非常喜爱这个家具，不妨用来当装潢的点缀。摆放在走进房间或坐到沙发上时马上会看到的地方，有效地强调其存在，吸引视线。只要统一周围风格，风格不同的家具反而可以作为房间的主角，让人留下深刻印象。

翻新能让家具变成自己想要的形象

长年使用的心爱家具，不妨以翻新手法活用。如果要委托专门工匠，重要的是彻底讨论费用与完工后的印象。如果您有兴趣也有时间，不妨自己动手挑战。

比较简单的方法是利用在量贩中心等销售的家具用涂料。颜色显眼的涂料可以增添流行风味点缀，将木料部分等配合周围家具重新涂刷过或是将收纳家具颜色配合墙面改变，避免过于抢眼等，利用方法种类繁多。请考虑完成后的形象，配合目的选择色调。

沙发、椅子只要改变布料或座垫布料，就会焕然一新。餐桌椅、客厅组等，也不妨改变原本统一的色调、质感，寻求变化。

Part 2

配色基础知识

色彩基础知识

作为能搭配理想风格的配色活用吧。让我们了解颜色架构、效果，色彩对室内装潢而言是不可或缺的要素之一。

色彩三原色

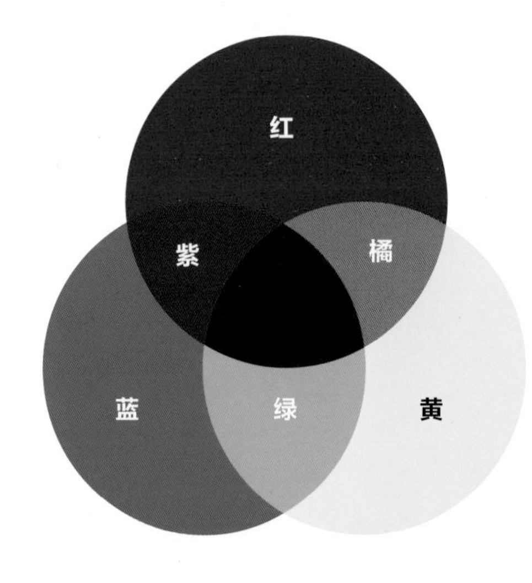

混合红、黄色会变成橘色，混合黄、蓝色会变成绿色，红、黄、蓝色是能调出所有颜色的基本色，其他颜色则无法调出红、黄、蓝3色。

色彩3原色与12色的“色相环”

颜色首先可分为无彩色与彩色二类，无彩色指的是没有色彩的颜色，也就是黑、白与其间的灰色。而所谓彩色指的是黑、白、灰以外的颜色。无数颜色的基本色是红、黄、蓝3色。这又称为“色彩三原色”（参阅左图），混合红、黄、蓝3色就能调配出不同颜色。

此外，在色彩三原色中加入绿色的12色，并将类似色相邻排列成环状，就是色彩基本的“色相环”（参阅下图）。色相环与色彩三原色都是在考虑色调时的重要参考。

色相环

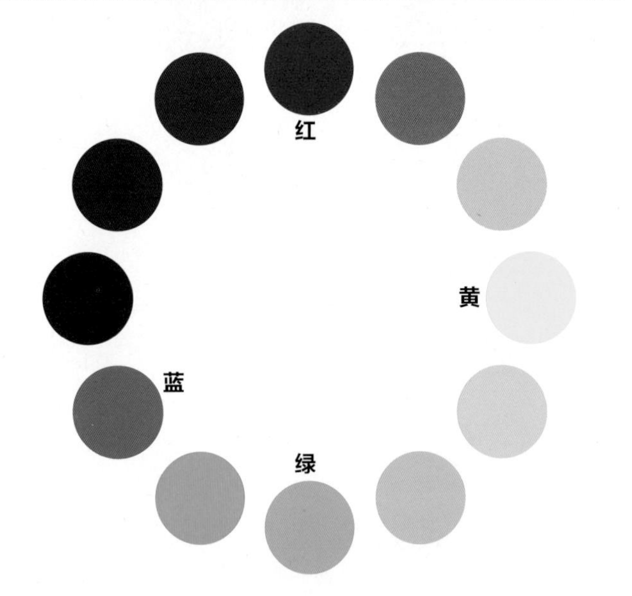

3原色加上绿色的12色色相环，都是在生活中常见的颜色。相邻2种颜色为止是类似色，对面的颜色则是相对色。例如绿色的类似色是相邻2色为止的蓝色到浅绿色，相对色则是红色。

“色调”会影响形象

色相环形成的彩色种类，由3大要素构成。

第1个要素就是显示色调的“色相”，所谓色相指的是因光线波长不同表现出的红、蓝、黄、绿、紫等不同颜色。第2个要素是显示鲜艳程度的“彩度”，彩度越高，颜色就越鲜明，相对地彩度低就较不显眼。彩度越低就越接近无彩色。第3个要素是显示明亮度的“明度”，明度最高的颜色是白色，最低的颜色则是黑色。

同样是红色，“鲜艳程度”、“深度”、“暗沉”等色相之所以不同，就是因为彩度、明度组合不同。彩度、明度的组合又称为“色调＝tone”，在考虑装潢的色彩搭配时不可或缺。不能只是单纯选择颜色，右页颜色、色调的微妙不同，是影响整体形象的关键要素。

PCCS的色调分类图

所谓PCCS：日本色彩研究所发表的日本色研配色体系（Practical Color Co-ordinate System）的简称

资料提供：日本色研事业株式会社

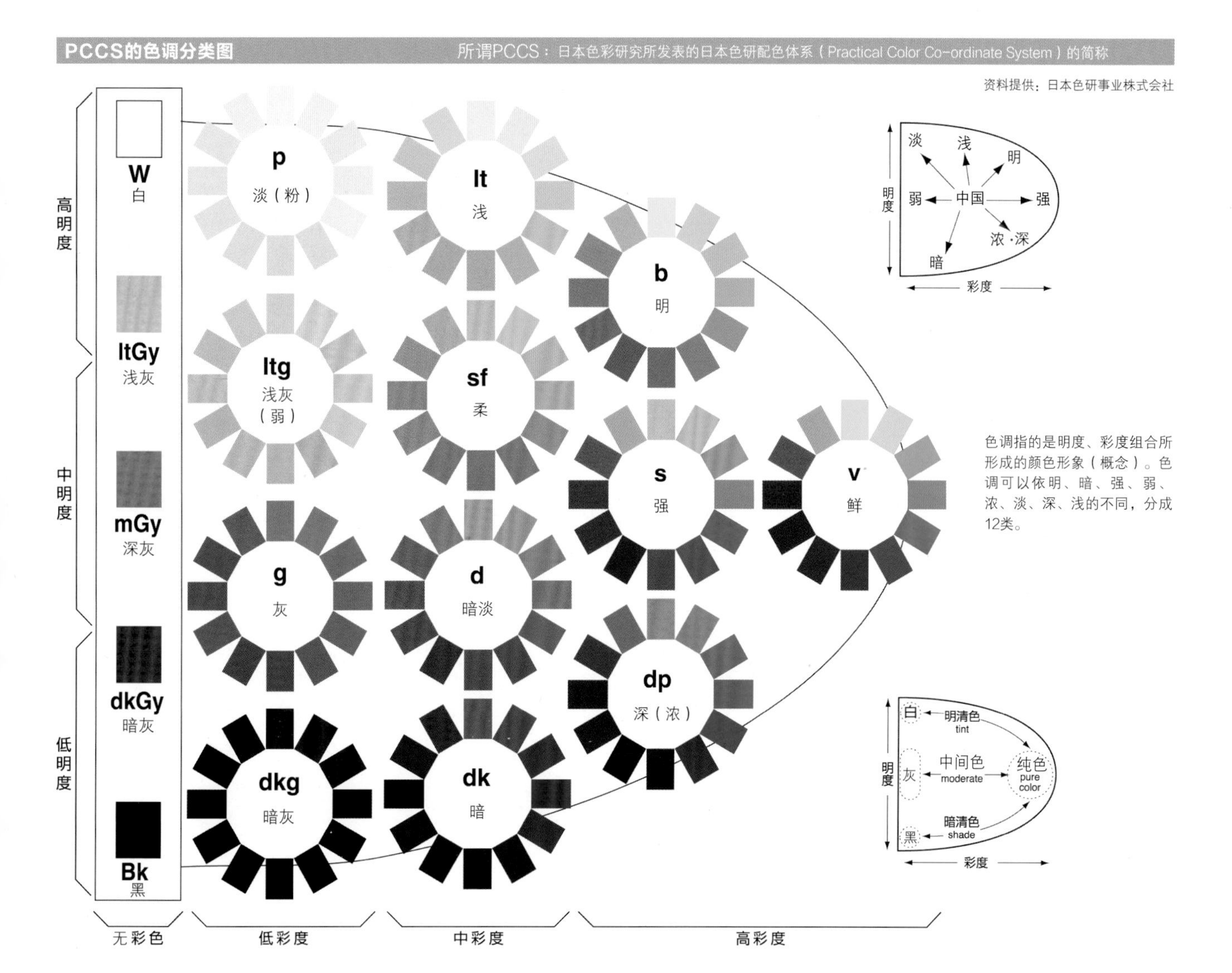

色调指的是明度、彩度组合所形成的颜色形象（概念）。色调可以依明、暗、强、弱、浓、淡、深、浅的不同，分成12类。

暗色调

明度、彩度都低，整体昏暗的色调。形象是传统、雅致、有深度、成熟等。

鲜色调

变化基础的12色色相环色调，形象是年轻、有活力、华丽、冲击性、刺激等。

柔色调

明度比鲜色调高，但彩度较低。形象是温柔、稳重、明亮、容易亲近等。

配色规则

让我们学习配色的基本技巧吧。不同配色会让装潢形象截然不同。组合颜色称为配色，

邻接颜色的组合会影响房间整体的形象

构成房间装潢的要素是地板、墙面、内部装潢、家具、小摆设等，邻接的颜色会相互影响。此外，作为单一要素考虑时的颜色会跟考量房间整体的颜色看起来不同。这是因为配色时的明度、彩度对比不同。原料质感、家具设计也会对视觉产生影响，有必要考虑整体配色的平衡。下列是装潢时较常采用的4种配色模式实例。请在考量整体形象时参考。

彩度对比

与彩度高的白色对比

与彩度低的粉红色对比

同样的颜色跟白色对比时会看起来昏暗，与彩度低的暗色对比时会看起来比实际的颜色更为鲜艳。

明度对比

与明度高的白色对比

与明度低的黑色对比

同样的颜色跟明度高的颜色或白色对比时，看起来会比实际的颜色昏暗，与偏暗的明度对比时，颜色会看起来比较明亮。

相对色

色彩差距大，形成独创利落的印象

搭配色相环上对面相反颜色的方法。能相互陪衬出对方颜色，有助于给装潢带来变化。不过要是搞错比例，就会变得过于显眼。这时候不妨将色相向左右各调一色，有助于改善。

类似色

由于色彩差距小，容易形成整体感

搭配色相环上左右邻接2色为止的类似颜色，由于色彩类似，容易形成协调。好处是氛围自然，让人安心，但请加入点缀，避免过于平淡。

同色调

使用多种颜色搭配而不显得突兀

搭配不同颜色时，统一“色调＝tone”的方法。由于明亮程度、鲜艳程度、形象统一，因此能让多种颜色融为一体。好处在于由于不是单一色系，即使使用鲜艳的颜色也容易搭配。

同色系

容易搭配，初学者也不容易失败

从色相环中选一个颜色，以颜色浓淡搭配的方法。容易搭配，适合初学者选用。不过容易变得单调，不妨以其他颜色点缀，搭配其他材质或加进图案元素等。

颜色对装潢的影响

1 暖色与寒色

能让人感到温暖的暖色房间

红、橘色等暖色能让人在视觉上、心理上感到温暖，据称体感温度也会比寒色系房间高。

令人感到寒冷的寒色房间

与暖色相比，蓝、蓝绿色等寒色会让人在视觉上、心理上感到凉爽。此外，寒色能让房间看起来更宽敞。

2 前进色与后退色

看起来突出的前进色

明亮、鲜艳的暖色又名为“前进色”，有比实际看起来更突出、更近的视觉效果。

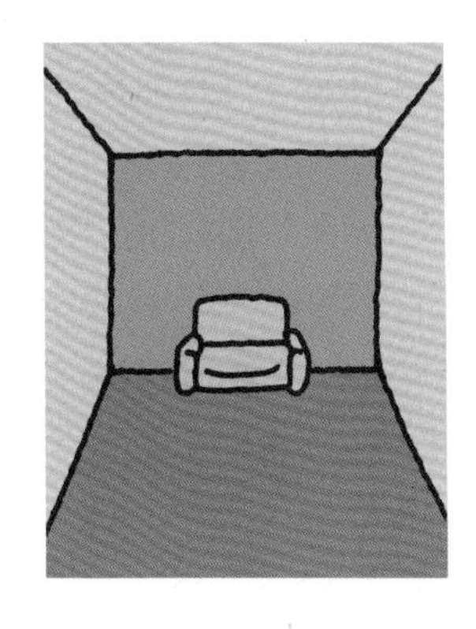

看起来后退的后退色

寒冷的暗色，寒色又名为“后退色”，比实际看起来后退的感觉，能让房间看起来更宽敞。

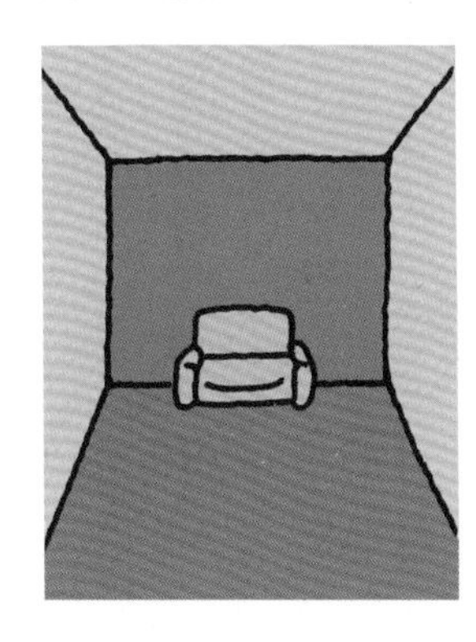

3 放松色与紧张色

让人感到放松的咖啡色系搭配

使用大量自然原料，让人感到放松的搭配。视线以下以咖啡色统一，视线以上的墙面、天花板则搭配明亮白色最理想。

采用黑色，有变化的搭配

黑色、深蓝色、纯白色等又称为紧张色，能让空间看起来利落。在LDK中采用紧张色，能形成没有生活感的现代化空间，适合接待客人。

室内色彩比例

学会颜色搭配比例诀窍，就能搭配出色调平衡的美丽房间。
色彩搭配除了考虑颜色是否相配外，
重要的是考量使用颜色的分量比例是否能融为一体。

色彩比例
会影响房间形象

为了营造自己喜爱的室内装潢风格，首先要考虑想用的颜色与配色。接下来，必须考虑各种颜色的面积使用比例。

为了让房间中的色调融为一体，黄金比例是底色70%（地板、墙面、天花板等）、主色25%（沙发、窗帘）、点缀色5%（杂货、小摆设）。只要掌握这个比例，加进强烈颜色也不显得突兀，初学者也能搭配出适合的装潢。

配色黄金比例

点缀色 5%

主色 25%

底色 70%

亮褐色的地板、纯白墙面是底色。

底色

占房间大半的底色

底色是占房间大半面积的要素，例如地板、墙面、天花板等处的用色，比例约70%。底色是统一装潢整体的颜色，决定后无法轻易改变，如果不追求独创性强的装潢，不妨选择让人感到安心，不容易腻的自然色。规则是依照地板、墙面、天花板的顺序选用越来越亮的颜色，能让房间看起来更明亮、宽敞。

主色

沙发、窗帘等
房间的主要颜色

主色是整个房间的主角，约占整体25%，仅次于底色，是布料、家具等处的用色。主色能表现个人喜好、个性，是决定房间个性的要素。主色改变会让房间形象也随之改变，不妨在换季时更换地毯、窗帘等，享受变化乐趣。

地毯、窗帘使用紫红色主色。

点缀色

小摆设、杂货等
让整体有变化的颜色

点缀色能让装潢更有变化，十分重要，整体的5%是恰当比例，不妨利用椅垫、装饰品等小摆设或杂货等小物品。有些地方可以表现个性，与底色、主色同化就没有意义。不妨大胆利用相对色。

紫色椅垫为点缀色。

要点

颜色的印象
会随着光线变化

考量装潢色彩计划时，灯光或窗外光线的影响也很重要。例如在日光灯的苍白光线下，房间整体会看起来比较苍白，形成冷酷印象。白炽灯等橘色光线下，房间会看起来带红色，给人温暖的印象。考虑装潢色彩时，请一并将光线作为要素考量。

色彩类别技巧

让你的室内装潢进一步升级。理解颜色给人带来的印象、特色，充分利用自己喜爱的点缀色，每种颜色各有特殊形象。

红色

强劲华丽
可以加入少量有效点缀

明亮、积极的颜色，有增进食欲、使会话活络的功用，适合用在人们聚集的房间。鲜艳的红色最好重点使用，控制面积，避免看起来太热情。

粉红色

甜美的女性化颜色
随色调不同，氛围会因此变化

粉红色比红色缓和，甜美柔和，能刺激女性荷尔蒙分泌，让人安心。随色调不同，也能压低甜美程度，营造出成熟形象。

黄色

犹如阳光的明亮形象
不适合用在卧室

3原色之一，纯色非常显眼，适合用来作为引起注目的标示色。想让房间看起来明亮、活泼的时候非常有效。奶油色可以大面积使用。

橘色

活力的维生素色
暗橘色也有放松效果喔！

形象是活力十足。不过混有白色的橘色看起来清爽，混有黑色的橘色则比较雅致。可以有效用来作重点装饰。

蓝色

清爽且具
镇静效果

代表性寒色，体感温度比暖色低。由于是后退色，能让空间看起来更宽敞，但不同色调可能会显得太冷清。

绿色

具心理疗愈效果的自然色
可以搭配任何颜色

植物给人放松、安心感，适合用在卧室、客厅。不过蓝绿的酷帅印象可能过强。淡绿色或浅绿色看起来十分清爽。

白色

衬托出素材特征
可搭配任何颜色

代表性底色，容易搭配其他颜色。容易看出素材的好坏，请精选素材，才不会看起来太廉价。

黑色

冲击性强
光泽会让形象截然不同

吸收所有颜色的无彩色，能陪衬出邻接颜色，让空间看起来利落。白搭配黑十分摩登，有光泽的黑色更显豪华。

紫色

能搭配的颜色有限
难度高的颜色

具有高贵、优雅、神秘等形象，高贵特性不同于其他颜色。搭配难度较高，可以搭配深咖啡色，营造出高雅氛围。

咖啡色

容易与其他颜色融为一体的大地色
统一色调使用

装潢中大量使用的自然色，可以营造出酷帅或温暖氛围。重点在于避免使用色调不同的咖啡色，统一使用色调。

灰色

最好搭配色相
差距小的颜色

能与其他颜色融为一体，营造出独特氛围。水泥、银器等灰色在营造都会氛围时不可或缺。

室内装潢材料与家具色彩

这些颜色的决定和搭配等方法也要特别注意。家具及使用的木料、金属零件等，细节部分也都有颜色。构成房间的地板、墙面、天花板、

暗色会使天花板看起来较低

明度不同的颜色轻重感觉也不同，越暗的颜色看起来越重，越亮的颜色看起来越轻。一般而言，看起来重的颜色用在空间下方，看起来轻的颜色用在上方，能营造出宽敞、轻松氛围。相反地，据称将暗色使用在天花板等上方空间，会看起来比实际高度低20cm左右。不妨用在书房、卧室等处，营造出雅致氛围。

不同的地板颜色造成不同的宽敞度

亮色地板如果搭配亮色墙面、天花板，就会没有浓淡差距，让房间看起来更宽敞。

深色地板如果搭配亮色墙面、天花板，就会让地板与墙面・天花板有色彩差距，让房间看起来较小，更具雅致感。

天花板颜色不同，开放感也不同

天花板使用明亮颜色时，天花板看起来较高，能让房间看起来更敞亮。建议墙面使用天花板相同颜色或更深的颜色。

采用暗色天花板时，天花板看起来比较低，有压迫感，但却看起来比较雅致。如果再采用深色墙壁，会让压迫感更强，让房间看起来狭窄。

亮色天花板能让房间看起来更宽敞

室内装潢材料最好依照地板、墙面、天花板的顺序让颜色越来越亮，也能让房间看起来更宽敞。即使面积有限，只要使用亮白的地板，就会看起来比实际大小更宽。

这是因为亮色是扩大轮廓的膨胀色；相对地，黑色等暗色是看起来利落的颜色，被称为收缩色。推荐您在地板上铺图案独特的地毯等，将视线吸引到地板上。

亮色且没有图案的地板、墙面、天花板让房间看起来非常宽敞

使用亮色室内装潢材料，让房间整体看起来平坦，更显开放、宽敞感。选择亮色家具，营造清爽氛围。

木料天花板的卧室让人放松

颜色比墙面深的天花板让人感到轻松，适合用在卧室。此外，天花板、床具的自然木料色调更能让人放松。

建材的颜色配合地板、墙面

构成房间的建材、木工原料大多使用木料。木料的色调也是影响房间整体形象的重要因素，建材、木工材料等部分色调，可以配合地板或墙面，以求融为一体。

一般而言，统一地板材料与木料部分的颜色，容易营造出整体感，更易搭配小摆设。木料部分的颜色如果比地板深，就会有厚重感，营造出雅致氛围。统一木料部分与墙面颜色，则可以让房间看起来更宽敞。

统一墙面收纳部分与地板的颜色

与墙面连贯的收纳部分与地板统一色调，营造出整体氛围感。摆设的家具也选用同色的木制家具。

墙面桌子、书架与墙面同化

订做的桌子、书架与墙面一样使用白色。看起来犹如与墙面同化，形象十分利落。

亮色家具
能让房间看起来更宽敞

摆设木制家具时，与地板颜色的搭配会影响房间的整体印象。采用亮色地板与同色木制家具，能让房间看起来更宽敞，即使风格不同的单品也能营造出整体感。此外，亮色地板搭配颜色较深的木制家具，能衬托出家具的存在感，是能让家具看起来更高级的技巧。

相反地，如果摆设的木制家具颜色较浅，会让家具看起来突兀。建议您选择原木木料制作的优质家具，遮掉木纹的类型。

在地板上摆设亮色木制家具

使用大量木料的餐厅，地板、餐桌椅、订做架子等家具的色调略为不同，但却融为一体，营造出清爽空间。大型的订做架子采用浅色，防止过强的压迫感。

配色实例

Case 1

点缀的缤纷空间 以鲜艳色彩

客厅& 餐厅

点缀色醒目 犹如咖啡厅一般的餐厅

地板与桌子采用木料色，白色墙面与天花板则是底色。开放式厨房、架子上展示有主人心爱的用具、杂货等，随处以显眼色彩点缀。天花板上挂的动态吊饰也是重点之一。

千叶县 · A宅

夫妇＋孩子2人

大厦

钢筋混凝土建筑

地上1层楼

餐厅

有生活感
同时兼具时尚

Eames的“贝壳椅”采用白色、黄色、淡绿色3种颜色。订做的开放式架子使用与地板、桌子一样的栎木，营造出整体氛围。

厨房

以寒色的蓝色
点缀厨房

厨房的墙面上使用灰蓝色瓷砖，以彩度低的蓝色为背景，衬托出茶壶、锅子等的鲜艳蓝色。

客厅

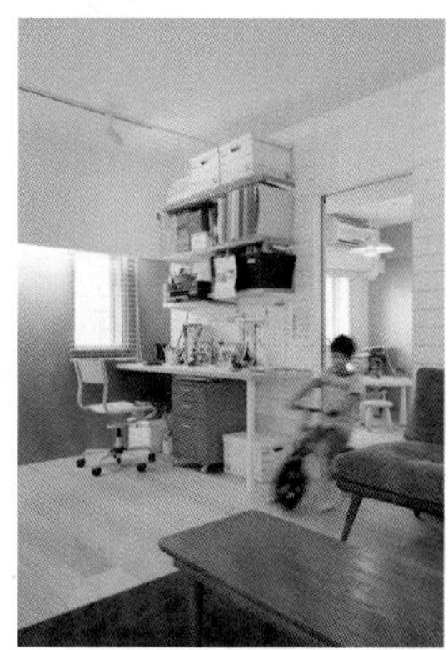

学习空间
使用刺激性颜色

客厅一角的儿童学习空间，橘色柜子为点缀色，让房间整体氛围更加明亮。

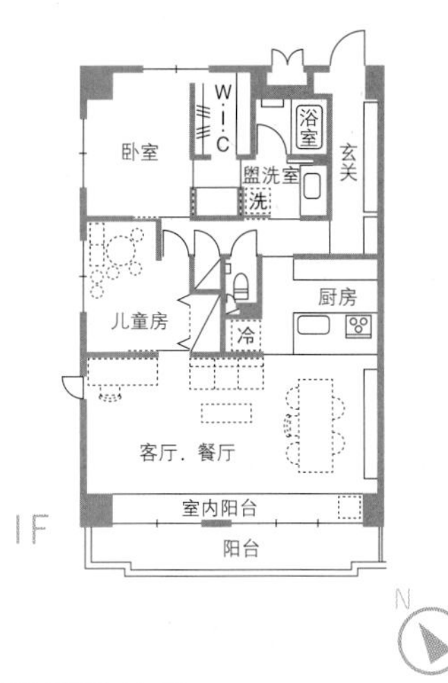

IF

明快的颜色搭配
营造出欢乐的游戏空间

蓝墙的儿童房，彩度比鲜艳颜色稍低，宜家家居售卖的白色、浅绿色桌椅十分可爱。

儿童房

建筑设计室

山田悦子/
Etsuko工作室
一级建筑师事务所

东京都杉并区和泉4-47-15 平泽大厦4楼
TEL：03-6795-8225
URL：http://www.a-etsuko.jp/

配色实例

Case 2

以黑白为基础的简明空间

东京都 · S宅

夫妇

独栋

木造 · 地上2层楼

以黑白为主题，彻底营造出紧密感

以楼梯连接起2个空间的开放LDK，白色为底色，黑色为点缀色的简明色调。宽5m，长20m，白色的效果能让房间看起来宽敞。地板的松木颜色，更增添温暖感觉。

客厅& 餐厅

白×黑搭配明亮的木质桌子

餐厅的对角撑涂成黑色，点缀醒目的空间。此外，外型美丽的黑色“Seven Chair”也与黑白室内装潢十分搭配。

厨房

自然光线也是
室内装潢的一部分

白色是最能反光的颜色。即使厨房不采用暖色，因为自然光线充足，也营造出温暖氛围。

客厅

白×黑显眼夺目
高度设计感

楼梯正面、扶手、高窗窗框与对角撑使用黑色，与白色调和的空间。大窗外是开放的屋顶阳台。

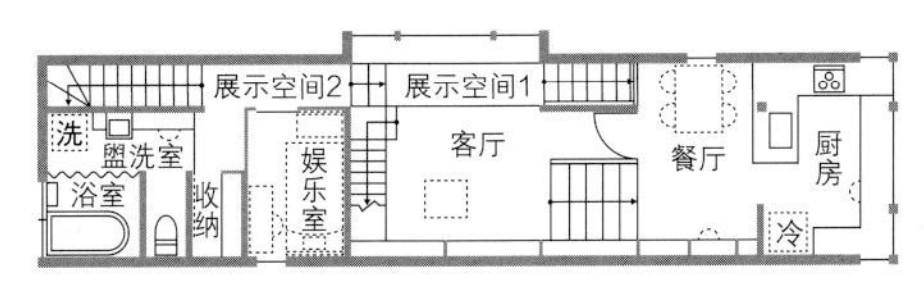

2F

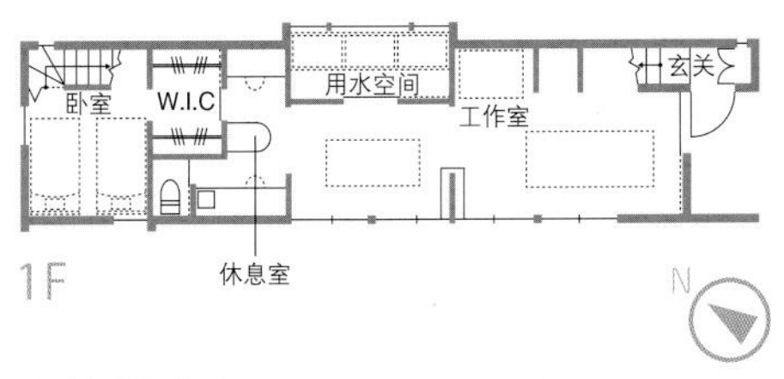

1F

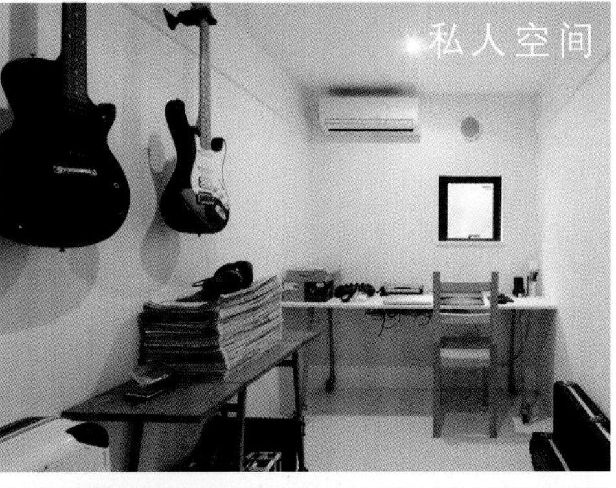

不过于酷帅
有效利用木材颜色

主人的私人房间，心爱的吉他也作为装饰摆件展示在墙面上。大量使用中间色木料，营造令人放松的空间。

床具的色调
营造出雅致氛围卧室

淡葡萄酒色与米色床具，以雅致色调统一，营造出令人放松的卧室氛围。坐在窗边的黑色兔子玩偶也非常引人注目！

建筑设计室

石川淳 /
石川淳建筑设计事务所

东京都中野区江原町2-31-13-106
TEL：03-3950-0351
URL：http://www.jun-ar.info

石川直子 /
石川直子建筑设计事务所
金鱼缸工作室

神奈川县川崎市中原区
上丸子山王町1-1413-A402
TEL：044-422-7322
URL：http://homepage3.nifty.com/n-o-arc/

专栏 2

室内装潢植物配置法？实用且美丽的

如果要摆放多盆植物，最好在高度、分量上寻求变化

透亮宽敞的窗台开满各色艳丽的花朵，阳光照耀，室内绿色盎然，生机勃勃。将植物集中设置在窗边，能形成让人放松的空间。如果想摆设多种植物，能统一大小和种类会相得益彰。除了摆设在架子等较低位置外，也利用从上方吊挂的方法，营造更加时尚的氛围。

将不同种类的植物摆设在房间的不同角落也非常实用，较高的观叶植物、楚楚可怜的小盆花、低矮但向旁边伸展的植物、适合吊挂的藤蔓植物、插在花器里的当令花卉等，可以享受不同的搭配乐趣。

摆设植物的场所可以选择窗边、沙发周边、客厅橱柜等，并要注意平衡。窗边适合摆设细高植物，客厅橱柜上则适合小而可爱的植物，沙发旁墙边可以摆设向旁边伸展的植物等，如果能在大小上寻求变化，就能营造出更形象，相得益彰。

植物也有生命，考虑照顾和管理等因素

如果想在室内装潢中加入植物点缀，选择自己喜爱的植物很重要。如果只看外观选择，很可能无法照顾好，所以需要特别注意。

选择植物时，购买前请考量要在哪里培育哪种植物。重点之一是摆设地点是否适合您所选择的植物，摆放在阳光充足，通风良好的窗边，跟摆放在盥洗室等多湿空间，选择植物的方法截然不同。

此外，也要确认植物需要照顾的程度，可能因为浇水过多或缺水导致植物枯萎，也可能因为太忙而无法照顾植物。

其次，不能因植物时下的大小来选定，而应该考量到日后的生长。生长速度快慢、能否插枝增生等也是影响选择植物的因素。

既然决心要在生活中增添绿意，就应该考量植物性质是否符合自己的生活形态，悉心照顾植物，追求细水长流。

Part 3

室内装潢的基本要素

室内装潢的
基本要素
1

装潢材料基础知识

地板、墙面、天花板等构成居住空间的装潢材料会左右房间的整体形态，了解装潢材料的基本知识，让自己的装潢搭配更完美吧。

地板材料

重视功能性并考量理想风格是否搭配

地板材料确认重点

- [ ] 考量房间特性选择材质
- [ ] 考量是否容易维护
- [ ] 理想的室内装潢与地板材料的协调

地板材料关系到房间是否舒适，最理想的是能配合理想中的室内装潢风格，但如果在地板材料无法变更时，可以利用地毯或摆设榻榻米等来盖过既有的地板。选择地板材料时，视场所不同必须考量耐久性、耐水性、隔音性、是否容易维护、不容易打滑等多方面因素。想使用暖地板时，则必须选择能对应相关需求的地板材料。

木板

地板材料的主流，魅力在于多样化选择

木板除了外观时尚外，过敏与否等健康考量、容易打扫也是受欢迎的理由。流行中的简明＆自然风格里，原木的木板不可或缺。会随着用时间越来越有味道，能长久使用，所以价位偏高。但其也存在声响大，不适合大厦使用等负面因素。

相对地，一般经常使用的合成木板是合板与加工薄板的组合，成本低廉，不易翘，还有隔音型、针对养宠物人士的抗菌型等，种类繁多。此外，成品前的加工也能改变外观、风格。请考虑与家具、建材间的平衡后选择。

房间形象随颜色变化

白色系

原木色彩能营造出清爽感，并让空间看起来更宽敞，与北欧风格搭配最适宜。色调自然，可以搭配颜色鲜艳的小摆设。

明亮

以亮色调统一，能营造出清爽、年轻的氛围。是简明＆自然风格中经常看到的色调。

中间色系

略带红色的色调，能对应所有风格。与家具风格不同也别有味道的咖啡厅格调相得益彰。

暗色系

营造出雅致、沉稳氛围。适合民族风、摩登日式、欧风＆古典等风格使用，能让空间看起来十分成熟。

软木地板

（照片提供／东亚软木株式会社）

柔软触感备受欢迎且容易维护

材料是西班牙栓皮栎树皮，是能不用砍树的环保材质。柔软且具有独特质感，赤脚走也非常舒适。弹力、保温、隔热、冲击吸收性优良，也容易施工，因此适合作为地板材料。可用于西式、日式房间，颜色种类也多。强化氨基甲酸酯、特殊树脂蜡等表面加工技术升级，耐久性佳。最近还有能贴成木板状的产品。

软垫地板

（照片提供／东丽）

设计种类繁多也容易维护

主要材质为PVC树脂，因为是垫子状，只要施工程序恰当，水泼在垫子上也能擦掉。设计变化多，容易维护，适用于住宅的厨房、洗手间、盥洗室等地板的最终加工。随垫子发泡层厚度不同，软垫性能、步行感、冲击吸收性、隔音性也不一样。还有经过抗菌、抗发霉加工，以及能穿鞋子步行其上的单品。

石材·瓷砖

铺瓷砖能营造出复古氛围

大理石看起来十分豪华

（照片提供／Advan）

高级感请选用天然石材
素材感请选用瓷砖

石材、瓷砖可以在摩登日式、简明＆摩登、民族风等风格中局部使用，轻易营造出高级感。石材的光泽度、图样等，具有其他原料没有的美感、质感。石材可分为大理石、花岗岩等高级天然石材及人造石材。瓷砖则防水、抗脏污，颜色、设计种类丰富。重点在于选用不容易打滑的种类。陶瓦、马赛克瓷砖等不容易打滑，朴实氛围魅力十足。

地毯

温暖且能保护脚部
不用担心受伤

将地毯铺满房间，能营造温暖印象，装潢整体也会看起来比较利落。能直接坐在地板上，作为容易放松的地板材料备受欢迎。有天然材质的羊毛地毯及合成纤维产品，颜色、图样、毛长等种类繁多，适度的垫子性能，对脚部而言触感佳，还有隔音性，因此适用于在意声响的大厦。与木材、石材不同，也不用担心表面刮伤。

墙壁材料

面积大的墙壁推荐您选择简明、自然风格

墙壁材料确认重点

- [ ] 决定预算，选用适合房间的材料
- [ ] 设计、颜色请与专家商量
- [ ] 独特的颜色、材料推荐您局部使用

装潢材料中，墙壁占的面积相当大，墙壁材质会影响整体风格自不待言。墙壁可以重贴壁纸，或涂油漆等，让风格截然不同，享受个中乐趣。

决定墙壁材料时，实际大面积施作的时，颜色、图样的氛围、形象大多会跟只看样本时不同，因此请跟专家商量后决定。

壁纸

最常使用的完工材料
主流是塑料壁纸

壁纸的材质以塑料为主流，比较耐脏污、容易打理、价格实惠、施工简单等优点众多。壁纸种类繁多，从模仿自然材质产品到金属、石头等硬质产品，应有尽有。欧美进口的产品纸大受欢迎。种类虽然多，但因为比塑料壁纸薄，因此必须彻底做好打底准备。

布料方面则是将人造丝、棉、丝绸、麻织品以打底，适合用以营造豪华氛围，但价位偏高。带状壁纸则是能用来随兴点缀墙面的单品。

此外，近年来还能利用专用粘着剂、双面胶带等，自己喜爱的壁纸贴在现有塑料壁纸上。即使您住在租来的房子里，也能配合自己喜爱的风格改变装潢格调。

壁纸种类丰富

塑料壁纸	种类非常多，容易经手而备受欢迎，空气清净、抗过敏原、复合原料材质等新种类陆续上市。
布料壁纸	隔音性、通风性佳，并具有柔软质感、高级感、分量感等特点。但布料洞眼里容易堆积灰尘，请勤加清理。
纸壁纸	与塑料壁纸一样，颜色、图样、功能种类丰富。虽然有厚度较薄这个缺点，但有经过表面强化的加工产品能克服这个缺点。
带状壁纸	较宽的带状壁纸，能用来装饰天花板边缘、窗框周边、厨房、洗手间等，还能用来遮掩不同壁纸的连接部分。

也能DIY进行局部点缀

无纺布壁纸连DIY初学者都能轻松使用

无纺布壁纸并非以纤维织成，而是纤维相互缠绕的薄膜状材料，在欧美逐渐成为主流。由于非常坚固，推荐初学者在换贴壁纸时选用。（照片提供 / WALPA）

油漆·灰泥

调湿性优良颜色种类也丰富

涂墙用的材料中，天然材质的灰泥、矽藻土非常受欢迎。灰泥是在熟石灰中混入砂子、麻纤维等涂墙用材料，调湿性、耐火性、耐久性等十分优良。矽藻土则是化石化的藻类，与灰泥一样属于涂墙用产品，可以调进颜料中，改变墙壁颜色，享受个中乐趣。

此外，近年来还有能粘上磁铁的磁铁涂料、涂上后可作为黑板使用的黑板涂料等，大受欢迎。越来越多的人在卧室、洗手间等处局部使用鲜艳的颜色，让整个空间充满乐趣。

瓷砖·红砖

基本上局部使用作为点缀

瓷砖适合用于厨房、卫浴设备等水气多的场所。因为坚硬且具有清洁感，颜色种类繁多。从大片瓷砖到小块马赛克瓷砖，还有DIY时容易使用的薄膜型。

推荐您在客厅、餐厅局部使用红砖瓷砖，或是在壁炉周边装饰耐火瓷砖。

木质

（照片提供／三井Home）

在考量材质的温馨度与舒适度的同时也要考量与地板的平衡

木质墙壁材料有原木板、贴有天然薄木板的加工合板、合板上印有木纹的印刷加工合板、合板表面经过树脂加工的合成树脂合板、以微细木块合成的人造板等。这些墙壁材料的隔热性、保温性、湿度调整力都不错。

墙壁用天然木料以连续排列细木板的护墙板为主流，通常长2～4m，但如果想只用于墙壁下方等区块时，也有名为腰板，长约90cm的木板。护墙板打直或打横使用时印象截然不同。

木质墙壁材料具有厚度，木料本身也有存在感。也必须考虑与地板、建材、家具等使用的木料是否搭配，颜色深浅、墙面使用分量是否平衡非常重要。尽可能使用相近颜色，或适度调整深浅以统一整体等方法来保持色调平衡。乡村风格中，推荐将带红色的桧木板打横使用，营造出小木屋一般的氛围。此外，也可以将日本落叶松类的落叶松木料打直使用，加进北欧风格中，可配合整体格调自由实用。

天花板材料

基本原则为选择没有压迫感的颜色，并考量与墙壁材质的调和

天花板材料确认重点

- [ ] 选择白色、粉色等自然色彩
- [ ] 选择比地板浅的颜色，让房间看起来更宽
- [ ] 选择不容易弄脏的原料

天花板也是构成房间的重要因素，天花板最后可以使用纸或木板等完工，种类繁多。与墙壁材质调和非常重要，例如将管线、水泥故意露出，营造咖啡厅风格等，天花板也能如实反映风格意念。此外，天花板材料也有添加各种功能的产品，例如厨房可以选用防火性材质等，视房间种类使用不同种类的材料。

油漆

与天花板形状无关
完成后十分美观

灰泥、矽藻土、砂浆等以抹刀涂上的泥水匠方式、喷附方式、以刷子、滚筒等方式上漆，种类不少。能表现出纸无法表现的颜色，并通过涂刷法营造氛围，能将凹凸不平或变形天花板涂得看不出连接处，非常美观。

木板

成果自然
选用比地板明亮的颜色

可以使用原木、表面贴上薄原木板的加工合板、印上木纹的印刷加工合板等。如果想营造木料的质感、自然感，使用印刷加工合板即可。也必须考量与其他木制装潢材料间的调和，想让空间看起来更宽敞时，请选择比地板明亮的颜色。

壁纸

白色或亮粉色
能让天花板看起来更高

西式房间最常使用的是壁纸，与墙壁材质一样塑料壁纸多，因为天花板不太容易近距离触摸、细看，所以不一定要强调材料质感。请重视与墙壁材质的统一感，选用明亮色彩，营造开放性氛围。

感观专栏

装潢材料目录

装潢材料即使只是局部使用，也能改变房间氛围。
以下为您介绍独特的高设计性材料。

瓷砖

使用小块马赛克瓷砖的雅致房间

日式马赛克能营造出犹如以砖块堆砌而成的氛围。以还原窑烧，发生特殊窑变，能让人感受到泥土质感的氛围。也适合用于雅致装潢。
“日式马赛克”1万2800日元（约人民币657元）/ m^2 [平田瓷砖]

凹凸瓷砖

表面有规律凹凸的瓷砖，有效运用灯具，能营造出动态氛围。柔和的米色也使氛围魅力十足。“Dimension”9500日元（约人民币488元）/ m^2 [平田瓷砖]

玻璃马赛克瓷砖

将玻璃予以不规则组合的独特马赛克瓷砖。金色光泽十分美丽，也能用于古典风格装潢。“鸡尾酒”2万9800日元（约人民币1530元）/ m^2 [平田瓷砖]

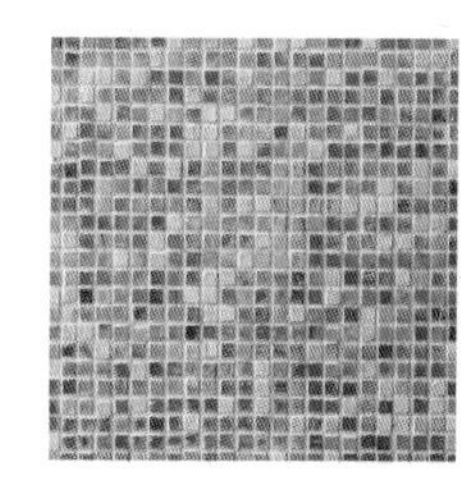

无釉瓷砖

不用釉药，让陶土上色的特殊瓷砖。犹如蜡笔般的朴实色彩与陶瓷、石材都不同，魅力十足。“蜡笔”3800日元（约人民币195元）/（30x30mm）[平田瓷砖]

墙纸

使用条纹壁纸的房间

非常有魅力的紫色渐层壁纸，大胆图样的壁纸可在房间局部使用。照片中壁纸是德国品牌Erismann产品。“New Home”4万3800日元（约人民币2248元）/ 1箱（53cmx10mx12卷）[WALPA]

花朵图样

女性化的花朵图案很可爱。荷兰老牌Eijffinger的壁纸。“PIP Wallcoverings”2万2050日元（约人民币1132元）/ 1卷（53cmx10m）[WALPA]

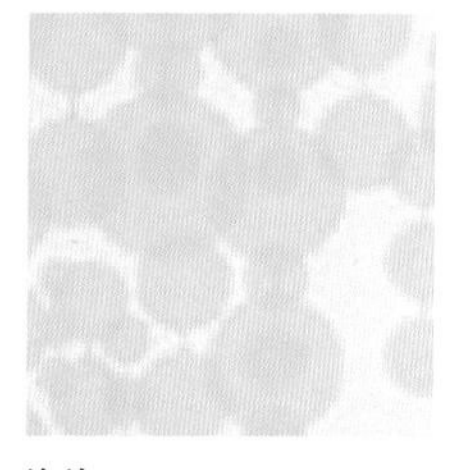

泡泡

犹如泡泡般圆圆的图样。可以与素面壁纸搭配使用。德国品牌A.S.Creation的壁纸。“Contzen 3”1万5750日元（约人民币808元）/ 1卷（53cmx10m）[WALPA]

线条型图样

有150年历史的德国老牌rasch壁纸。雅致色调非常搭配雅致装潢风格。“Wall Basket”6980日元（约人民币358元）/ 1卷（53cmx10m）[WALPA]

石膏墙

以“黑板”点缀房间

涂抹就能作为黑板使用的“黑板涂料”除了用在儿童房外，还能在厨房、客厅等不同地方使用。黑色以外还有17种颜色。“黑板涂料”3800日元（约人民币195元）/ 0.5ℓ [PORTER'S PAINTS]

风情十足的涂料

含有粗石英，略显粗糙的质感。适合用于独特氛围。“Stone Paint Couse”5400日元（约人民币277元）/ 1ℓ [PORTER'S PAINTS]

绸缎质感涂料

带犹如绸缎一般的金属光泽，能反射光线，可以有效营造照明氛围。“Deutch Satin”5100日元（约人民币262元）/ 0.5ℓ [PORTER'S PAINTS]

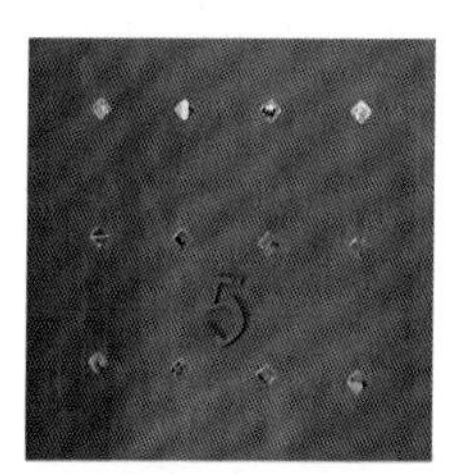

让木材看起来带铁锈的涂料

含有铁粒子的涂料，能让木材带有铁锈的质感，营造出古典风格。“Liquid Iron”6900日元（约人民币354元）/ 0.5ℓ [PORTER'S PAINTS]

装潢材料搭配实例 实例 1

千叶县 · N宅

夫妇
独栋
木造2层楼

营造怀旧氛围 天然材料装潢与古董家具搭配，

地板与天花板和谐共存的自然感让餐厅充满温柔氛围

主要生活空间2层楼的地板全都使用紫檀拼木，制造怀旧、南国氛围。天花板与墙壁则规律排列涂成白色的木料，桌子则是使用深咖啡色老桌面的订制品。

微光射入，犹如庭园一般的客厅

大胆让天花板倾斜，未经加工的木材与自然光线、白色壁纸与墙面融为一体。铺上地毯，营造出令人放松的空间。

有味道的古董家具

将喜爱的小摆设展示在古董风格家具上，营造咖啡厅风格。新东西没有的老旧质感，让房间更添情趣。

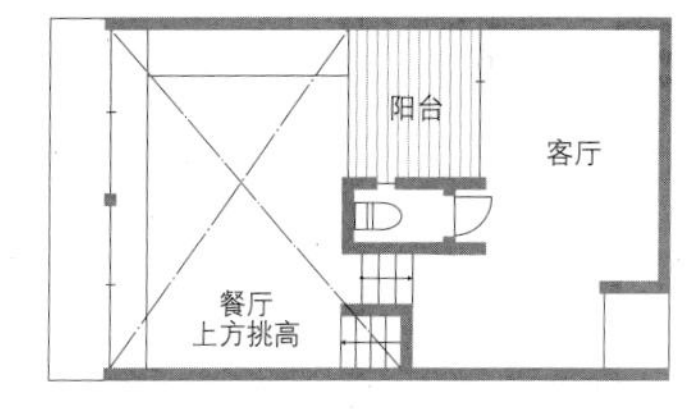

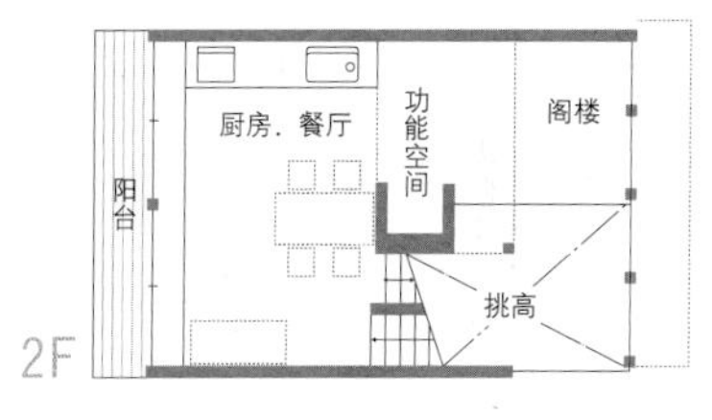

轻重融为一体
舒适怡人的卧室

卧室的墙壁、天花板同样使用白色塑料壁纸。摆置厚重的古董家具也不至于过度沉重，整体看起来十分轻快。

犹如石板一般的地板，
功能性极佳

书房窗边设有小小的园艺空间，摆设园艺用品，想藏起来的部分则以布料掩盖。地板防水性极佳。

建筑设计室

饭冢丰／
i＋i设计事务所

东京都新宿区西新宿4-32-4
Highness Lofty 709
TEL：03-6276-7636
URL：http://www8.plala.or.jp/yutaka-i/iplusi/

装潢材料
搭配实例

实例 2

神奈川县 · O宅

夫妇+双亲
（二代住宅）
独栋
钢筋混凝土建筑
地下1层楼、
地上2层楼

使用天然素材，同时营造利落氛围

厨房 & 餐厅

装潢材料以天然素材为主 使其更为巧妙地融为一体

马赛克瓷砖使用寒色系，营造出充满清新感的高雅印象。家具也配合地板选用深咖啡色，不用隔间，让LDK十分宽敞。

客厅以木色深浅营造雅致氛围

能舒适靠坐在低沙发前，摆设不会对空间造成妨碍的矮桌，营造出令人放松的空间。

使用大量耐久建材

客厅天花板的护墙板使用美西红侧柏木料。没有木纹且不加工，营造出雅致却不失木料质感的空间。

天然素材涂装墙壁为主角令人放松的空间

夫人经营的美容沙龙。墙壁、天花板使用灰泥、矽藻土的混合材料，能温和反射光线，营造出疗愈空间。

活用功能性瓷砖统一为灰色调

墙面、水槽以充满清洁感的白色统一。与灰色瓷砖的对比营造出犹如酒店般的高级感。

改变地板的最后加工材料改变印象

配合床本体的颜色，选择咖啡色床罩。旁边则摆放些许植物点缀卧室。

建筑设计室

植本俊介／
植本计划设计

东京都涩谷区千驮谷5-6-7
Toei Height3G
TEL：03-3355-5075
URL：http://www.uemot.com

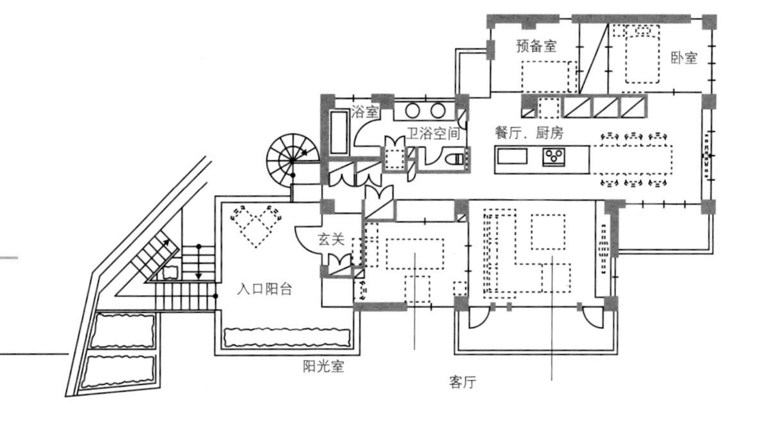

照明的目的

照明以配合生活行为营造出舒适空间

照明基础知识

照明能营造出舒适居住空间，让空间充满戏剧性。让我们学习准确利用光线的技巧与照明基础知识吧。

在餐厅……

推荐使用灯泡等暖色系照明，让菜看看起来更美味，让您食欲大增。使用吊饰灯具时，要让光线能涵盖餐桌整体。

在客厅……

人们聚集且使用目的繁多的客厅，最好能使用具调节功能的天花板灯饰为主灯饰，并摆设立灯等作为补助灯饰，配合用途使用不同灯饰。

在书房……

除了主灯饰外，书房需要用到台灯。如此一来就能让房间整体、工作区都非常明亮，配合不同效用使用不同灯饰。

组合主灯饰与辅助灯饰

照明的主要功能是照亮阴暗场所，让人视线清晰。但是就装潢而言，除具有能看清楚的功能性外，光线色调、照射法等也是营造房间氛围的重要因素。

在房间里营造美好氛围的秘诀在于设置多盏灯饰，除了照亮房间整体的主灯饰外，照亮局部的辅助灯饰等可以改变设置高度，有效利用。透过在单一房间里使用多数灯饰，光线混合，产生不同的阴影，营造出深度与立体感。

想达成在单一房间里使用多盏灯饰的目的，不能只是增加灯饰数量，更不能一次全部点亮。辅助灯饰的作用在于工作时补足光线，还能在夜晚制造轻松感等，营造特殊氛围。请弹性配合用途使用不同的灯饰，并考虑消耗电力的因素，从而营造不同场合的氛围。

主要灯饰种类

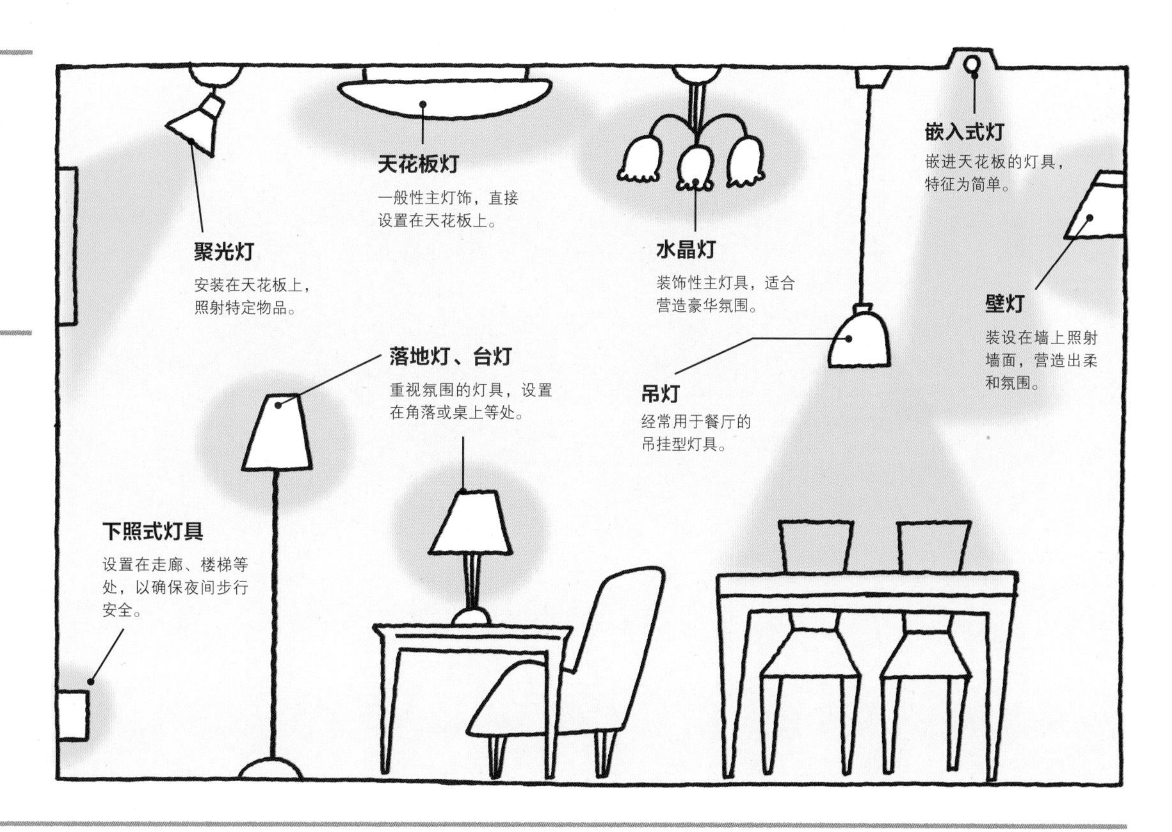

热门设计师灯饰

台灯

阿纳·埃米尔·雅各布森

AJ Table Lamp

1958年设计，louis poulsen公司产品。推荐您作为沙发旁的角落灯具使用。9万2400日元（约人民币4743元）/山际线上商店

法兰克·洛伊·莱特

ALIESIN® 3

间接光线非常怡人的小型台灯。摆设在茶几上是非常时尚的装潢单品。11万5500日元（约人民币5929元）/山际线上商店

桌灯

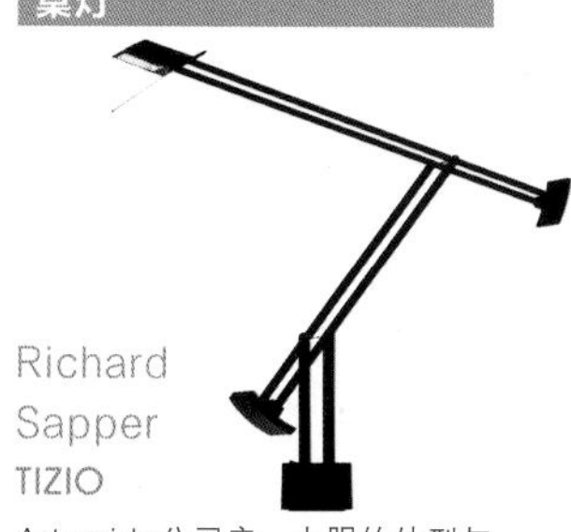

Richard Sapper

TIZIO

Artemide公司产。大胆的外型与功能性大受欢迎。可用于书房的书桌等处。5万2500日元（约人民币2695元）/山际线上商店

Michele De Lucchi

TOLOMEO MICRO

时尚的Artemide公司产小型长臂灯。可用作阅读用灯等。3万9900日元（约人民币2048元）/山际线上商店。

吊饰灯具

Poul Henningsen

PH Artichoke

1958年设计的名作。louis poulsen公司产品，以100种以上的零件制成。87万1500日元（约人民币4万4734元）（订制品）/山际线上商店

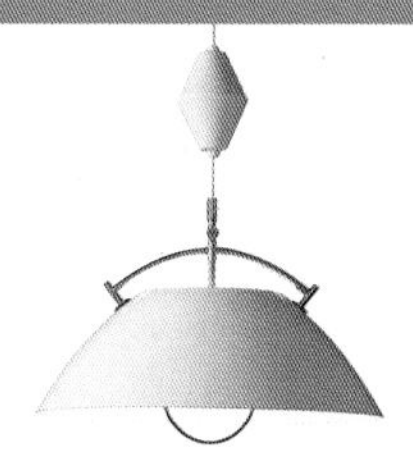

Hans Jørgensen Wegner

Wegner Pendant

能改变光线来源、灯具位置的吊饰灯。适合用于自然风格的餐厅等处。9万8280日元（约人民币5045元）/山际线上商店

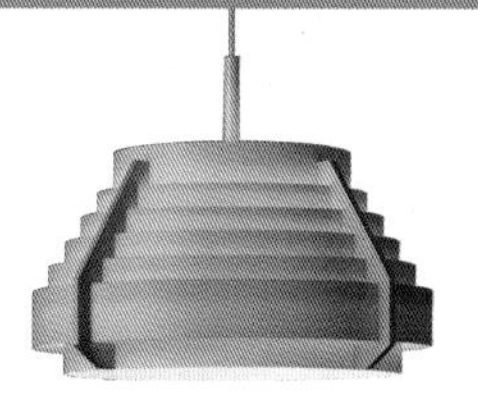

Hans-Agne Jakobsson

JAKOBSSON LAMP

灯罩以松木制成，特征为温暖光线。适合点缀北欧风格餐厅。6万9300日元（约人民币3557元）/山际线上商店

ISAMU NOGUCHI

AKARI

引进日本传统的照明设计杰作。适合用于客厅等和室。1万6800日元（约人民币864元）/山际线上商店

照明方法

根据光线涵盖范围区分使用灯具

视场所不同选择最恰当方法

灯具的光源是灯泡，光线本来就会扩散，灯具光线扩散的方向、方法称为配光。配光型态可根据灯具设计、灯罩、灯罩材质不同，如下图大致分为5大类。

从灯泡发出的光线不透过任何零件直接照射的形式称为直接照明，透过灯罩间接照射的光线称为间接照明，其他还有半直接照明、半间接照明及全盘扩散照明。请想象灯具实际亮起时的配光型态，拟定照明计划。随客厅、餐厅、床、沙发旁等场所不同，选择容易使用或适合的灯具，否则可能让日常生活不舒适，也容易令眼睛疲劳，请务必注意。也必须考量光线强度、刺眼程度等。

光线扩散法

直接照明

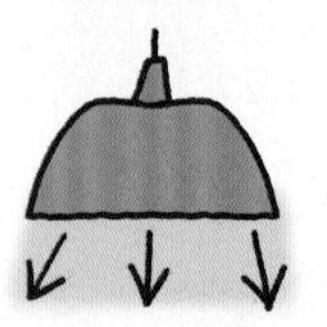

半直接照明

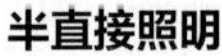

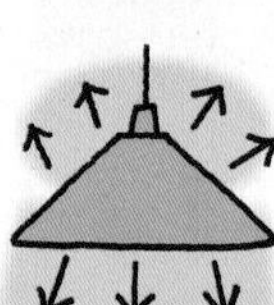

全盘扩散照明

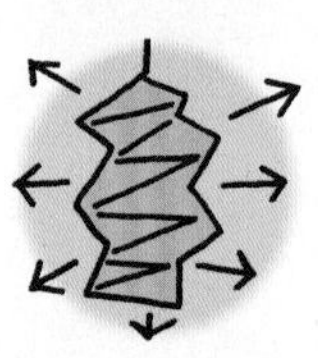

“直接照明”是光线直接向下照的灯具，特征是照明效率高，也能确保局部非常明亮，但上方容易变暗。使用灯罩等没有遮光性者称为“半直接照明”，光线会扩散到天花板上。“全盘扩散照明”是透过和纸、亚克力等有穿透性的素材和灯罩均匀透出光线。

间接照明

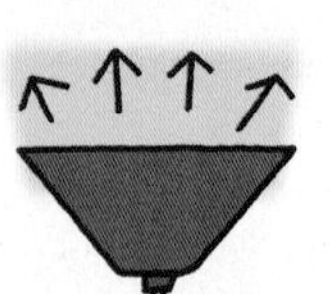

半间接照明

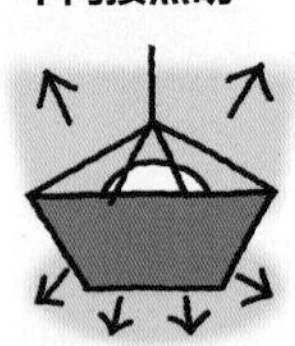

将光线透过天花板、墙壁反射，以反射光线照亮的灯具。由于光线会反射，照明效果较差，但柔和光线能营造出时尚氛围。使用有透过性灯罩时，称为半间接照明，部分产品局部光线会像直接照明一样直接向下照射。

灯泡种类

活用灯泡特征有效照明

白炽灯与日光灯色的不同

光源也有颜色，一般家庭区分使用白炽灯与日光灯颜色。白炽灯光线偏红、橘色，接近温暖的朝阳、夕阳，让人放松。日光灯光线则是带蓝色的白色，让人觉得有活力。此外，白炽灯会形成影子，日光灯则不会，因此前者适合放松时，后者适合活动时。但是目前白炽灯色的日光灯等也日趋普及。

白炽灯

- 会形成阴影，让物品有立体感。
- 暖色光线，让人放松。
- 物品呈现原有色调。
- 寿命据称为1,000小时，耗电量比日光灯稍高。

日光灯

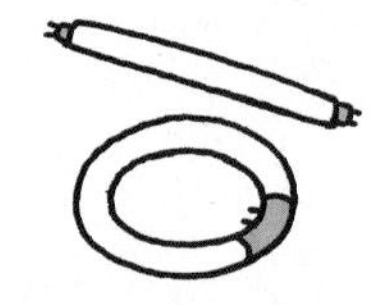

- 阴影少，物品看起来较平板。
- 白色光线促进活动。
- 能让物品看起来十分清晰。
- 寿命据称为6,000小时到12,000小时，节能。

节能且寿命长的LED灯泡

伴随着消费电力高却寿命短的白炽灯减产，日光灯的白炽灯泡化急速进展。进化速度更快的则是LED灯泡，白炽灯色、日光灯色都有，消费电力据称为白炽灯的1／6左右。寿命约20年，最近价格也日趋实惠，不少人纷纷改用。LED灯泡的光线直接下照，不太会扩张，因此请考量使用处所作选择。

LED灯泡的参考亮度

相当于灯泡	相当于20W	相当于30W	相当于40W	相当于50W	相当于60W
需要流明	170流明（lm）以上	325流明（lm）以上	485流明（lm）以上	640流明（lm）以上	810流明（lm）以上

相当于灯泡的LED亮度如上，LED灯泡寿命长，推荐用于难以换灯泡处所。

＊LED亮度以流明（lm）标示。上表为E26型的参考值。

灯罩的影响

灯罩会影响光线亮度

设计、材质会影响感受到的亮度

灯罩盖住灯泡时，同样的瓦数，光线亮度却会随灯罩的设计、材质不同而使感受不同。不锈钢制等不透光的材质，光线会向上下扩散，灯罩周围则会变暗，阴影十分明显，照射效率高。相反地，灯罩本身为棉、麻等天然素材、乳白色玻璃等透光材质时，光线整体会扩散。此种状况下的光线稳定、柔和，但照射效率低。如果不考量吊饰灯具等的吊挂距离，会觉得太暗。

大型吊饰灯具点缀整体空间

挑高设置有大型吊饰灯具，光线会向房间整体扩散的灯罩，让房间明亮且令人印象深刻。（照片提供／大光电机　刊登灯具：DPN-37466）

灯罩对亮度的影响

透光的
玻璃等材质

乳白色玻璃、布制灯罩等，光线会穿透后向周围扩散，柔和照亮房间整体。

不透光的
不锈钢等材质

不锈钢或深色塑料等没有透光性的材质时，光线向上下扩散，营造出阴影明显的氛围。

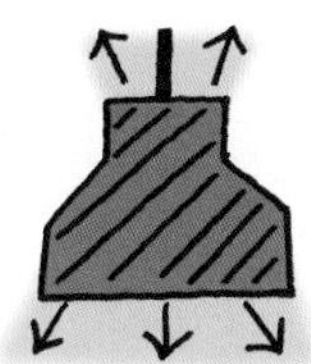

照射面带来不同印象

随光线照射处所不同，
房间的形象也会随之变化

对房间氛围营造而言不可或缺的照明计划

光源的高度、位置、照射的是天花板、墙壁、还是地板等，都会影响房间的整体形象。

天花板、墙壁、地板三者光线平均照射时，能营造出柔和氛围，让天花板偏暗则能营造出雅致氛围。此时，天花板高度会看起来比较高。狭窄的房间也能以这种方法让空间看起来比较宽敞，此外，照明从较高位置照射广范围时会看起来活力十足，从较低位置仅照射下方时，则会比较有气氛。

光线照射处使用的装潢材料也会导致外观不同。照射面为白色系或有光泽的原料时，光线反射会让房间整体看起来明亮宽敞。照射面为暗色系，没有光泽时，就会吸收光线，同样的光量也会觉得比较暗。

特别是餐桌等处所随桌面颜色、材质不同，需要的瓦数也不一样。白色光滑的桌面需要的瓦数较少，但黑色桌面则需要较高的照度，否则就会觉得太暗，请务必小心。

随光线照射处所变化的不同印象

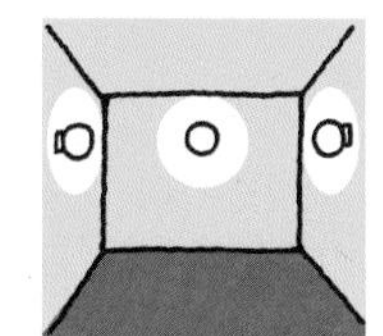

天花板面与墙面

让空间看起来更宽敞。天花板感觉较高，房间明亮、宽敞。

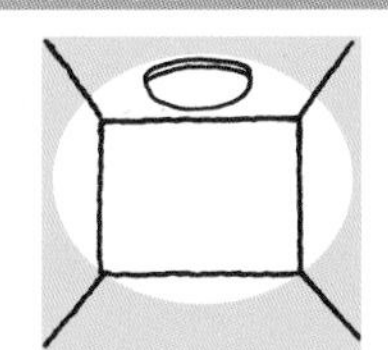

房间整体

照射整体面，犹如在光线环抱下，感到放松。

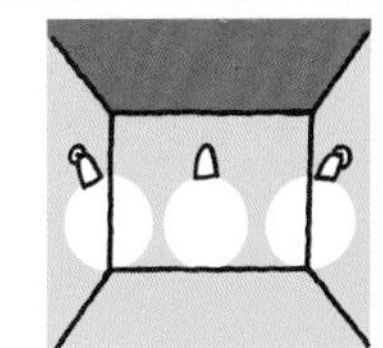

墙面与地板

想强调厚重感、安定感时，可以让天花板偏暗。

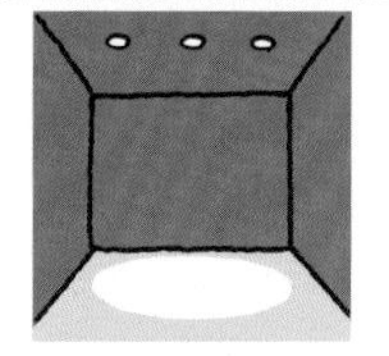

地板

集中强调地板，能营造出非日常的舞台感空间。

墙面

集中强调墙面，能感受到水平面的扩散，如置身画廊一般。

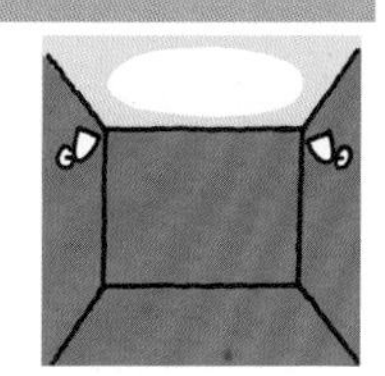

天花板

集中强调天花板，能让纵向看起来更宽广，天花板看起来更高。

不同房间的照明技巧

照明计划必须同时考量不同房间的使用性与氛围性。
介绍配合不同空间的装潢搭配诀窍

餐厅

要点

◉照亮整个餐桌。
◉使用光线偏红的直接照明，能增进食欲。
◉吊饰灯具的数目应配合人数。

用餐空间应设法让菜肴看起来更美味

家人聚集用餐的餐厅，第一条件是照亮整个餐桌。大多会使用吊饰灯具，但最近由于咖啡厅风格流行，越来越多人利用安装型滑动插座等吊挂多盏小型吊饰灯具，或选用怀旧风吊饰灯具。

能让菜肴看起来更美味的光线是偏红的白炽灯色，搭配能增进食欲的暖色系装潢设计。此外，也必须根据入座人数调整照明数目。

吊饰灯具必须配合桌子大小

吊饰灯具的照射范围会随灯罩大小、形状而改变。请配合人数或用途来调整个数和高度等。

客厅

要点

◉天花板灯饰推荐选择可调节光线的。
◉设置高度不同的辅助灯饰。
◉不同角落的气氛营造，避免变得过于散漫。

人们聚集的客厅营造气氛非常重要

对客厅来说，最重要的是家人聚集时的放松感。但客厅不是只有家人使用，还会用来迎接客人。必须应对多目的用途，所以应该设置多盏灯具。

主灯具外，沙发旁摆设台灯作为阅读灯，墙上如果挂有喜爱的绘画，就必须设置绘画灯。经常有客人的家庭可以给展示架或茶几打灯等，视需要，营造各种不同氛围。

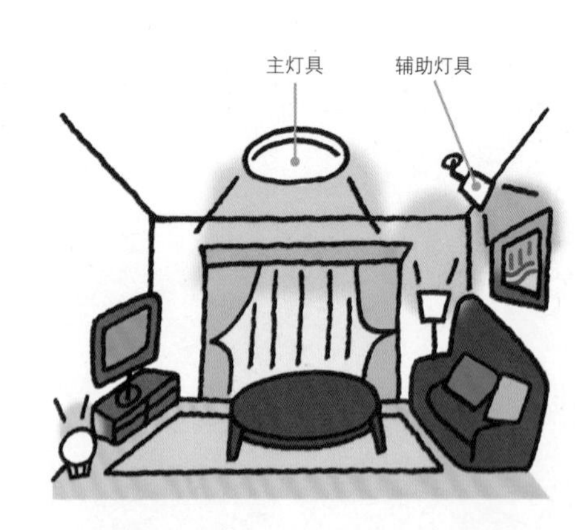

组合多盏辅助灯饰

在任意位置设置辅助灯饰，能营造出休闲氛围，左右对称的设置法则能营造出高雅氛围。

玄关

要点
- ◉主灯设置于玄关、走廊。
- ◉玄关设置2个以上灯饰才够亮。
- ◉鞋箱下或角落设置灯具也别有风味。

迎接客人的玄关推荐采用多灯照明

玄关会形成住宅的第一印象。必须有足够亮度，才不会妨碍进出。同时玄关也是邂逅的场所，主灯应设置在玄关入口较低位置，避免对彼此的面容留下坏印象。

设置在客厅的灯具能让宾主看清楚彼此脸部，如果鞋箱下有空间，不妨在那里打灯，营造美好的入口处。

能看到彼此脸部

玄关的天花板照明基本上应该设置在入口与玄关、走廊间。

厨房

要点
- ◉主灯、手边灯都使用日光灯色。
- ◉白炽灯色用来点缀。
- ◉选择容易清理的设计。

厨房的关键在于容易进行烹调作业

厨房是烹调场所，需要用到菜刀，最理想的选择是手边不容易出现阴影的日光灯色。此外，比食物色香味更为主要的是烹饪过程看起来清晰。主灯、手边灯都建议您选择日光灯色。

希望厨房看起来温暖，不妨吊挂小型吊灯等，增添白炽灯色。厨房必须要有清洁感，请选择简单、且容易去油污等的材质。

推荐选择日光灯

重要的是确保安全性，选择能照亮手边的灯具。

卫浴空间

要点
- ◉狭窄空间需要采用室内照明。
- ◉洗脸台必须避免脸部有阴影。
- ◉浴室要避免窗户上映照出人影。

使用辅助灯具让气氛更好

卫浴空间狭窄，大多只使用天花板、墙面安装的灯饰。正因为洗手间等处狭窄，更应该以小型的时尚照明装饰，烘托氛围。洗脸台最好组合使用白炽灯色与不容易有阴影的日光灯色。

如果浴室有窗户，在窗户对面设置灯具会让人影映照在窗户上。灯具应该设置在窗户旁的墙壁上。

并用日光灯与白炽灯

设置在镜子周边，避免脸部出现阴影。

卧室

要点
- ◉使用多盏比视线低的灯饰。
- ◉主灯选择可调节光线的灯饰。
- ◉营造轻松的氛围。

选择不刺眼能让人放松的灯具

卧室是休息处所，主灯推荐使用聚光灯，如果是天花板灯，则推荐使用能调节光线产品，才不会太过刺眼。灯具整体位置低时，能营造出让人放松的氛围，适合就寝前的放松时段。阅读灯则建议您选择能改变光线方向、高度的灯具，此外，半夜起床时下照灯非常有用。可选择感应式或插进插座等，种类繁多。

光源最好不要直接照射眼睛

窗边使用能改变光源、高度、方向的灯具。

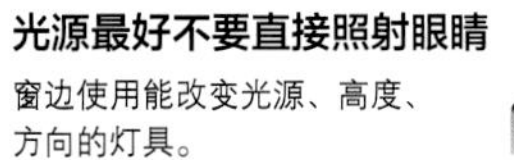

窗饰种类

除了具代表性的窗帘外，具有不同材质、装饰性、光线调节的产品种类繁多。以下是代表性产品。

卷帘

整片布以拉绳升起的类型。也有电动式等，可以停在喜爱的位置。（照片提供 / SANGETSU）

窗帘

窗饰主流，一般使用两层，外侧是蕾丝、室内则使用主要窗帘。（照片提供 / SANGETSU）

百叶窗

叶片纵横排列，可以调节方向让光线、风进入室内。材质也有木制等。（照片提供 / SANGETSU）

布幔

有拉绳摺起或上下卷动类型，又名罗马卷帘。（照片提供 / SANGETSU）

配合目的选择种类、材质

窗帘、百叶窗装在窗户上，用来覆盖窗户。除了装潢功能外，还能调节外部光线，遮蔽外部视线，并有隔断来自窗外热气、寒气的隔热功能，与防止声响外泄的隔音功能等。

房间越宽或房间越多时，装饰窗帘的处所、面积也随之增加，窗饰比起家具、小摆设更能左右房间印象。选择时不能只考量单位，基本原则是调和家具、装潢素材的颜色、材料质感等。客厅应该营造出明亮奢华氛围，向北的卧室则必须营造出温馨、雅致氛围。请配合房间目的选择窗饰。

此外，选择适合理想风格的窗饰种类与材质也很重要，除了窗帘外，从布幔、卷帘、百叶窗等之中选择适合的搭配设计也很重要。

窗帘

颜色、图样、风格等种类丰富

窗帘是代表性窗饰，是住宅最一般的配备。窗帘的种类丰富，替换也很简单，所以有不少人会在不同房间、不同季节换挂窗帘。

布料主要可分为3类。①使用粗线的厚布料，总称落地窗帘；②具透视性、透气性的薄蕾丝窗帘；③居于落地窗帘、蕾丝窗帘之间的种类。不论单挂或与蕾丝窗帘等重叠挂都可以。

窗帘基本上分成左右两边，此外还有右图的各种风格，可以改变窗户周边氛围。

窗帘风格实例

中央分边

最基本的风格，犹如画框一般框住室外风景。

咖啡厅窗帘

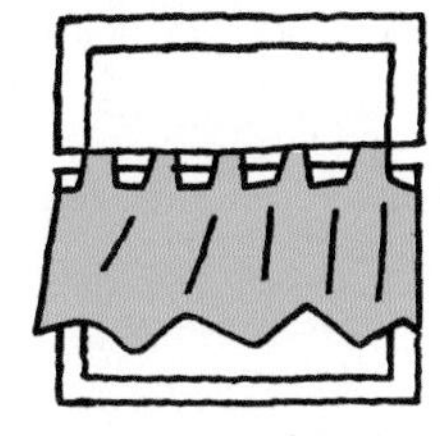

咖啡厅风格中常见，长度短，仅能遮掩局部。

挂环式窗帘

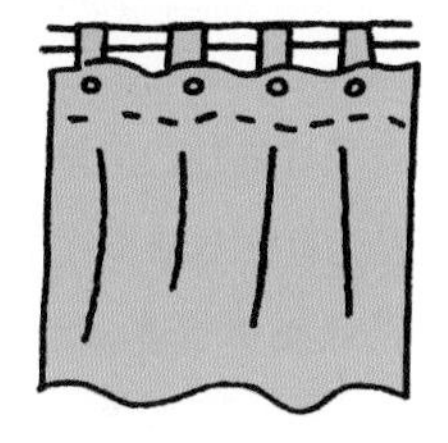

将窗帘布料制成圆筒状，穿过横杆吊挂。

重叠

拉起下摆固定，仅露出窗户下方。

侧边拉

将窗帘拉靠到窗户左边或右边的单边风格。

掀起式

将窗帘下摆略加掀起后固定。

配合理想风格设计挂法

窗帘挂法有一定的形式，基本上以落地窗帘、蕾丝窗帘重叠挂为标准挂法。但伴随着风格、窗帘多样化等，住户的品味也会影响挂法。例如将蕾丝窗帘挂在内侧的内侧蕾丝、外侧落地窗帘挂法，或是重叠挂蕾丝窗帘等。如果没有必要遮住来自室外的视线，不妨单挂颜色、设计醒目的蕾丝窗帘。一个房间里，也可以使用材质相同但颜色、图样不同的3色落地窗帘等，挂法可说是自由自在。

此外，可以选择多褶皱的挂法，也可以选择不要褶皱拉平，展示窗帘图样的方法。窗帘边的处理、窗帘轨道、流苏设计等，重要的是配合理想风格进行整体搭配。

组合窗帘与布幔

以素面布幔取代蕾丝窗帘。推荐您在想遮掉来自上方光线的时候使用。（照片提供 / FUJIE Textile）

透明感十分美丽的内侧蕾丝窗帘、外侧落地窗帘挂法

将蕾丝窗帘挂在内侧，享受透明感，选用素面落地窗帘，蕾丝则可以选用透明度高的窗帘。（照片提供 / FUJIE Textile）

布幔

褶皱多能营造优雅氛围

布幔是使用单片布料制成的窗帘，透过拉绳上下卷动。最常见的布幔是降到底时会变成平坦、简单的平面。此外，还有拉起时会形成豪华褶皱，能享受阴影乐趣的汽球类型或奥地利类型等，种类繁多（参阅右图）。

布幔种类

普通类型

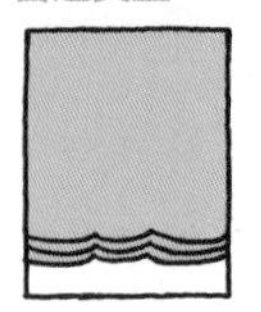

简明，可配合任何风格。形成自然氛围。

利落类型

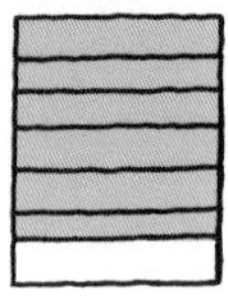

摺起褶皱的类型，降下时会出现横线，看起来十分摩登时尚。

孔雀类型

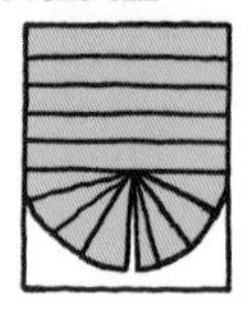

以孔雀为主题的独特形状，适合民族风室内装潢。

汽球类型

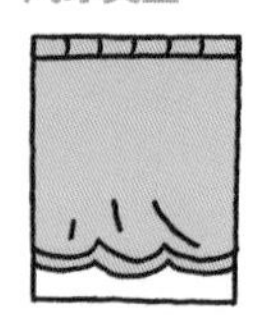

摺起时下摆会像汽球一样膨起，营造出优雅氛围。

慕斯类型

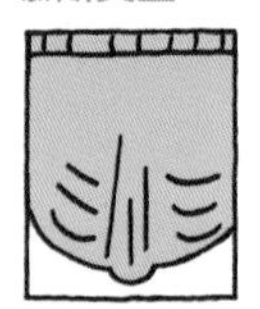

拉动中央会形成波浪、尾端的豪华类型。

奥地利类型

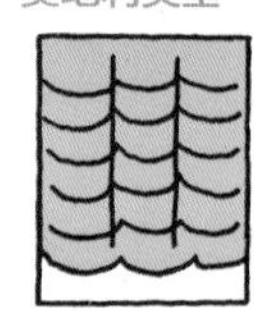

适合欧风装潢，特征是优雅、纤细的褶皱。

卷帘

营造出时尚、利落的室内风格

犹如放映电影的银幕般，能上下卷动布料。卷起时形成不占空间的筒状，能让窗边看起来很利落。与其说是窗帘，不如说是窗挂，设置、开关都很方便，作为覆盖物或隔间使用也非常有魅力。还有褶皱加工，北欧布料风格等，种类繁多。

卷帘种类

卷帘类型

可以在喜爱的高度固定，非常方便。操作简便。（照片提供 / SANGETSU）

绉褶卷帘

折叠式，横线也适合日式风格。（照片提供 / SANGETSU）

板状卷帘

吊挂多片板子左右移动遮盖。（照片提供 / SANGETSU）

百叶窗

利落的设计魅力十足
可以调节阳光强度

百叶窗可以依据开关方向分成横向与纵向两类。特征是利落、时尚的印象，只要改变叶片的角度就能轻松调节光线、风量，遮蔽视线。材质除了铝叶片外，还有木料、布料等，种类丰富。推荐您在简明&时尚风格的客厅或餐厅使用。

百叶窗种类

横向百叶窗

能感受到木料温馨氛围的木制百叶窗也很受欢迎。（照片提供 / SANGETSU）

纵向百叶窗

利落的印象最适合时尚风格。（照片提供 / SANGETSU）

尺寸测量法

必须考虑窗户大小、吊挂法与挂钩种类

窗帘

宽度、长度，轨道宽度要留有余地

为了完美完成窗饰，最重要的是量对尺寸。规则是窗帘宽度大于外框尺寸，或是挂上窗帘时的长度都必须留有余地。

尺寸量法

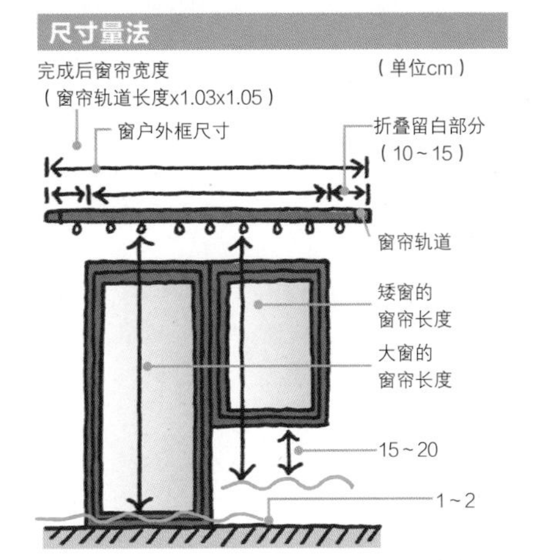

相对于窗帘轨道的长度，2片组窗帘完成后的宽度必须加上3%～5%的余地。大窗用窗帘的长度则必须从窗帘边到地板上减1～2cm。

挂法

重叠挂　加工轨道

重叠挂时，基本上要挂长度较短的窗帘，才不会在落地窗帘后看到蕾丝窗帘。加工轨道的情形，上方高度统一比较美观。

挂钩种类

A类型　B类型　调整挂钩

使用的挂钩有不隐藏窗帘边的A类型、以窗帘隐藏窗帘边的B类型，随挂法不同，还有能调节长度的调整类型，非常方便。

布幔·卷帘 百叶窗

要装在窗框外侧或内侧，尺寸量法不同

布幔等可以装在窗户内侧，尺寸刚好，或是盖住窗框在外侧，这两种方法的尺寸或印象都截然不同。装在内侧时比较利落，但是会有一点缝隙，在意外部视线的人，推荐您装在外侧。

尺寸量法

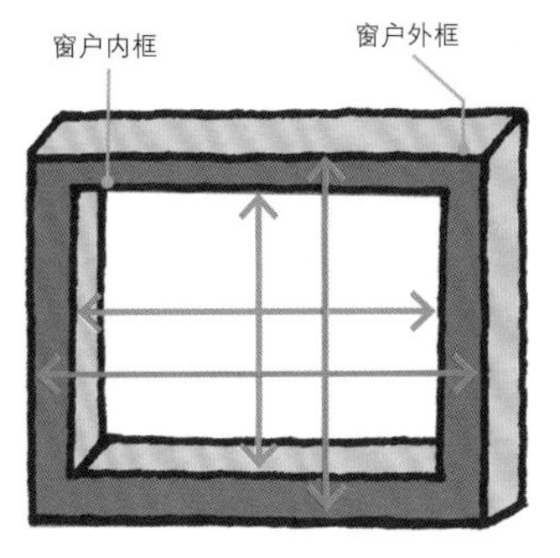

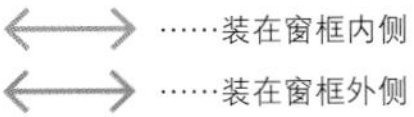

装在内侧时，尺寸要比窗框宽度、长度少1厘米，营造出利落形象。如果要装在外侧，则是比窗框宽度、长度加4厘米。

要点

布料除了设计外，也要注意功能！

配合目的 选择功能性强的布料

除了传统的窗帘功能外，最近还有各种功能性窗帘，可以配合目的选择。除了能在家里自己洗的可清洗类型外，还有遮光类型、防灾类型、消臭和抗菌类型等，可配合窗户方向、房间用途选择适当产品。

遮光窗帘

卧室为追求睡眠品质，推荐您选择不透光的遮光类型。颜色最好选择深色，尺寸也稍大比较好。（照片提供／SANGETSU）

布料主要种类

可清洗	能在自家轻松清洗，能保持房间整体的清洁印象。特别是容易脏的白色系布料推荐选用此一类型。
遮光	遮断外部光线的类型。夏天，清晨阳光照进卧室内，扰人清梦。或是夜间能完全遮断室内光线，也有遮断外部视线，提高防范性的效果。
耐光	让窗帘布料不容易因为阳光照射变色或褪色，推荐用于南向或西向的阳光强烈房间。蕾丝或中间类型窗帘适合选择耐光产品。
UV遮断蕾丝	能防止紫外线射进室内导致地板、家具褪色，室内温度上升等。遮光率随产品不同，也能用于婴儿房。
防火	使用难燃线，并经过防火加工等，即使着火也不容易延烧。万一发生火灾时可以安心，适合用于LDK、厨房等处的防灾对策。
消臭、抗菌	能抑制香烟、汗臭、厨余等房间的气味及布料表面附着细菌的繁殖。也推荐有宠物的家庭、厨房、儿童房等使用。

专栏 3

如何用房间照明提升气氛？

天花板照明搭配台灯、落地灯

改变照明氛围最好的方法是增加灯具数量，台灯、落地灯、聚光灯等局部照明能为房间带来放松氛围。如果从高处平均照射的天花板照明是太阳，那从较低位置照射墙壁、天花板的间接照明光线柔和，就好比暖炉、萤火一般，营造出温柔氛围。以局部照明确保亮度，就能关掉天花板照明，悠闲放松。

为了活用局部照明，重点在于高度、方向。位置过高会跟天花板照明难以分辨，效果减半。最好安排在较低位置。此外，选择照射墙壁、天花板的间接照明时，氛围会比直接照明更柔和。如果要增加灯具，重点在于不要排列成直线或方向相同，最好为不同高度、方向的组合。

最好能预先了解电灯颜色、灯泡特征。日光灯、LED灯泡除了白色系的明显颜色外，也能选择偏红的颜色。省电且寿命长的LED灯泡特征为光线方向单一，不会扩散。

替换天花板灯具时请确认安装器具

以简单且不占空间的照明器具平均照亮房间整体，是天花板照明的基本想法。大厦的房间等一开始就装有的灯具大都属于这一类型。

设计性高的时尚灯具、豪华的水晶灯风格灯具等，配合个人喜好改变天花板照明，能让房间氛围截然不同。

选择灯具时，除了设计外，也必须考量功能。从能均匀照射整体的类型出发，考量改用吊饰灯具、聚光灯等光线有方向性的灯具的亮度变化。如果想使用能吊挂多盏灯具的轨道类型器具时，以能组合使用照射天花板的上照灯、聚光灯、吊饰型灯具等为佳。

此外，选择灯具时别忘了确认安装器具，目前器具多已规格化，大部分不需要施工而能轻松更换。但视灯具种类，也可能无法使用，或是需要进行特殊工程埋设嵌入式灯具。

Part 4

不同房间的装潢重点

客厅

希望能使摆设的家具给人以“放松”感。家人聚集的场所，同时也是迎接来客的场所。

令人放松且充满开放感的客厅

挑高客厅充满开放感，中央有用以点缀房间的北欧风沙发、垫脚椅、布料。木料风格的自然客厅给人带来雅致印象。选择较低的茶几，摆设植物等能营造出温馨氛围。

任何人都能在此聚集的放松空间

希望让客厅成为家人能一起或各自放松的场所，以一家团圆为主，或是各自看电视、看书、做家事等……能感受到对方存在的时光越来越重要。

考虑到上述客厅的功能，在装潢方面应该重视家人会自然聚集到此的舒适性。使用能让人感到温暖的暖色系，采用自然的木料、布料质感等，配合家人喜好，营造家人都能放松的空间。

此外，选择客厅所在地也越显重要。家人外出时能察觉，还能打招呼，家人回家时能以“你回来了”一句话迎接，马上感到温馨。重点在于适度的开放感与舒适性。

其次，除了家人外，考虑客人的印象也很重要。每天使用的电视、电脑、DVD等设备，小孩的玩具、兴趣物品等充满生活感，但为了看起来干净，需增加收纳，遮盖部分家具作为隔间，考量沙发、桌子摆设位置，设置观叶植物、隔间等，也是营造舒适客厅的方法之一。

家人聚集的放松空间
颜色、物品不应太多，营造清爽感

客厅应该尽可能保持简单清爽，营造放松空间。重要的是少摆放物品，营造出能配合用法弹性对应的空间。

想营造出宽敞空间，除了减少家具、小摆设数目外，颜色、形状也是重点。以大多数人会感到放松的自然色系为主，减少使用的颜色数量，营造整体感，并选用外型简单的家具、小摆设，能让房间给人的印象截然不同。电视、电脑等设备也以简单的设计统一，电线类也要整理好，免得看起来十分杂乱。

正因为房间清爽，重点性的玩心与品味会更显眼。进入房间或坐在沙发上时，会自然吸引视线的单品可以加入作为点缀。您喜爱的小摆设、绘画、花卉、植物等能让房间看起来更平易近人，让人放松。

白色＋木纹＋玻璃，看起来十分清爽

活用木料质感与玻璃原料，以白色底色统一房间整体。窗边的桌椅以自然材质、颜色统一，营造出明亮利落的印象。

装饰喜爱的单品

使用辅助灯具，有效打亮喜爱的布料、小摆设进行展示。

选择黑白色，衬托出周边

有色地板、大量绿意之所以显眼，是因为使用黑白色的简单家具。花盆颜色也以黑白色统一，营造出利落、时尚氛围。

电视旁作为展示架利用

视线集中的电视旁，可以排列照片、植物显示品味。

配合需要
营造出一个人也能放松的空间

除了家人一起坐在沙发上外，一个人悠闲阅读，热心从事有兴趣的事，这也是客厅的用途。设置有单人用椅子、小桌、台灯的角落，或是在地板上局部铺设地毯等，放大椅垫，设置能躺下来放松的空间。

此外，也能以家具隔出空间的一部分，当成独立空间使用。不需要将客厅当成单一的封闭空间看待，推荐您配合作为书房、兴趣用房间来活用。利用涵括范围越广，家人的接触也会更加频繁。

能一个人悠闲放松的客厅

木架能多目的利用，非常方便（左）。客厅吧台可以在简单作业、书写时使用，很方便（右）。

让人放松的坐地板风格

东京都 · Y宅

时尚与日式风格为一体的空间

日本特有的地板文化，能让彼此间更加亲密。以暖地板与地毯彻底保暖。在雅致摩登氛围中，增添日式风格与植物的疗愈效果，营造出令人放松舒适的空间。

坚持喜爱的品味

神奈川县 · A宅

个性化
古典风格

墙上的熔岩瓷砖与古董客厅橱柜，给人带来怀旧感（左）。Pacific Furniture Service的玻璃柜中收纳有CD，虽然与餐厅在同一空间中，却有着独特怀旧感，凸显出品味（右）。

东京都 · K宅

天然素材中加进时尚家具

大量使用非常有味道的天然素材，营造出舒适的客厅。光线柔和的灯具让材料质感更明显。后方的餐桌则搭配风格不同的椅子，增添玩心。

东京都・H宅

以 LDK的沙发方向为重点

大胆摆设的植物与植物编织的沙发营造出亚洲休闲胜地风格的LDK，开放且舒适的宽敞空间，活用LD间的高度差距，将沙发背对厨房兼餐厅摆设，自然分隔出不同区域。

开放的休闲胜地风格客厅

东京都・M宅

不做多余装饰，简单清爽

天然素材与自然色彩营造出放松氛围

配合地板、厨房吧台，餐桌椅、电视柜等家具也以木料质感单品统一。沙发选用雅致的绿色，没有多余的小摆设和装饰，统一整体的材料质感，营造出雅致空间。

埼玉县・F宅

活用建筑物结构的利落配置

加进楼梯，有效利用空间的客厅。楼梯本身不仅可作为点缀，还能将楼梯下的空间作为收纳活用，营造出雅致印象。

考虑如何收纳、摆设家具

餐厅

重点在于考量家人生活形态的配置。考虑与客厅、厨房的组合。

家人都能放松的LDK

让餐桌的高度低于厨房吧台，用餐时才不会看到水槽。颜色以清爽感统一，形状不同的椅子成为时尚点缀，展示书本、兴趣收集品的架子、实用性高的吧台，也为整体增添充实感。

配合家人人数、用餐方法进行配置

以和室为主的日本传统民房里，本来就没有用餐专用房间。DK（餐厅、厨房）这个词是在二战后才逐渐普及，当时的住宅将桌子紧邻厨房摆设，采用能用餐的空间设计。在此大环境下，日本大多以DK、LD、LDK等形式，作为多功能空间利用。

用餐方法会随着家人人数、日常生活形态不同而改变，夫妇2人都在工作、平常几乎在外用餐的家庭、与大家族每天一起用餐、有时候连亲戚、邻居都会来的家庭，这些情形下餐厅的空间与家具自然有不同选择。

不过，不论用法如何，都必须注意确保有顺畅活动的空间。客厅是家人聚集处所，所以必须考虑容易使用的动线计划。打开餐具橱门或拉开抽屉，如果无法流畅进行这些动作，就无法安心用餐。为了拉开椅子站起或坐下，最少需要60～80厘米，后方有人通过则需要1公尺以上的空间，请在摆设家具时特别注意。

LDK基本形式

LDK型

不做隔间，营造出宽敞、开放感。优点是烹饪者不会感到孤独。

K + LD型

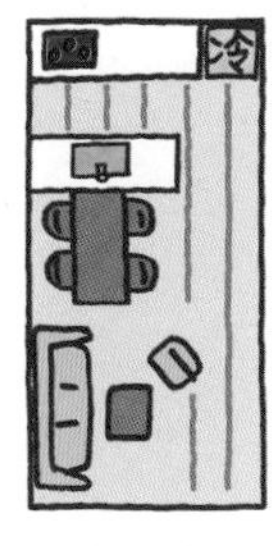

适度LK与厨房的类型。某程度隐藏厨房，但仍与LD保持连贯性。

K + D + L型

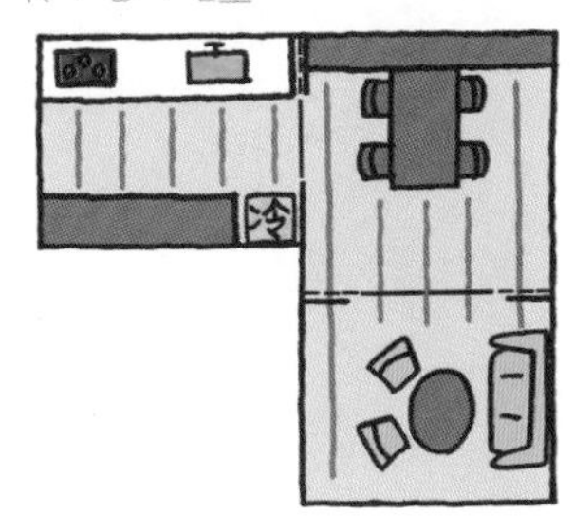

空间各自独立的类型，适合面积大的房子，如果以拉门隔开，只要拉开门就能让空间融为一体。

配合生活形态选择组合

LDK的组合方式可以大致区分为3类：①各自独立；②组合2类；③整体统一。这些方式各有优缺点，最近有不少人选择打通客厅、餐厅，将LDK作为放松场所使用，并重视宽敞、开放感。

也能选择如何利用有限空间舒适生活。

与厨房融为一体的小餐厅

选用也能作为厨房吧台使用的餐桌与充实的收纳，营造出明亮、清洁、容易使用且不占空间的餐厅兼厨房。

便于烹调的厨房与餐厅相连

在厨房烹调的菜肴能马上端上桌，非常方便。因此让厨房独立时，考虑厨房、餐厅的相关位置非常重要。

DK、LDK在烹调、上菜时非常方便，但用餐时，烹调后的厨房情形会看得一清二楚，无法放松。利用厨房吧台、局部隔间、水槽与桌子的相关位置等，设法适度隐藏厨房。

此外，如果想减少餐厅空间，充分利用剩下的宽敞空间时，可以将椅子、长凳排成L字形，或是将桌子靠在墙边，让狭窄空间能进一步宽敞利用。

能从厨房一览无遗的宽敞LDK

考量家具配置，以植物为界线分隔成宽敞餐厅与让人放松的客厅。将沙发面对窗户摆设，营造出开放感。

没有隔间的LDK的统一感与变化

LDK是家人聚集的场所，作为单一房间整体搭配，同时营造出能放松用餐的餐厅和家人能各自活动的客厅。在餐厅、客厅摆设低矮家具，或在客厅部分铺设地毯，就能营造出不同空间的形象。

只改变家具的配置、方向，就能改变整体印象及用法。将客厅的沙发面对厨房摆设，就能让在厨房的人面对在客厅的人。如果孩子还小等情形，也能随时确认，比较安心。相反地，要是将客厅沙发背对厨房摆放，就能在客厅悠闲放松。

用吧台连接厨房

东京都 · T宅

能享受交流乐趣的开放品味

距离厨房近的K＋LD型餐厅。除了能顺畅上菜，还能越过吧台与家人交流。以古董家具统一，营造出令人放松的空间。

对素材、质感的坚持

东京都 · A宅

在优质素材环抱下生活

自然光线充足的开放式客厅与餐厅。地板、天花板、家具使用的木料将颜色深浅分成3阶段，墙壁采用砂灰泥，重视设计性。简单、高雅的风格，最适合家人聚集的放松场所。

配合生活形态制作

神奈川县 · K宅

充满木料质感的室内装潢

以圆桌与“Y chair”为主的简单结构，营造出明亮清爽的印象。让人联想起慢活的暖炉也是重点。最适合在大量绿意环绕下生活的放松空间。

配合
建筑物结构

神奈川县 · U宅

以利落装潢营造空间

装满配置活用利落的三角形用地，营造出平坦、直线印象。面对后方庭院的玻璃窗不挂窗帘，能一边赏玩阶下的常绿树，一边用餐。

考虑配置法
让房间看起
来更宽敞

东京都 · Y宅

将装潢单品集中确保空间

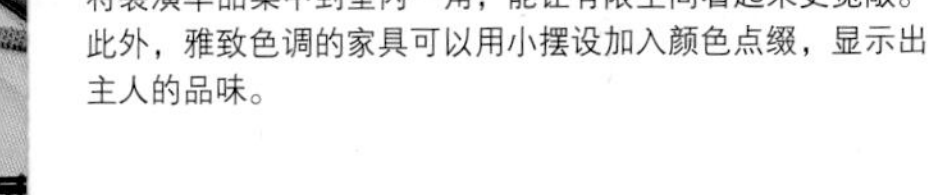

将装潢单品集中到室内一角，能让有限空间看起来更宽敞。此外，雅致色调的家具可以用小摆设加入颜色点缀，显示出主人的品味。

设置
在LDK中心

东京都 · O宅

烹调 · 交流 · 休憩
与涵盖范围广的“用餐空间”

将能随兴举办自家宴会的餐厅设置在LDK中心，装潢单品选择小型产品，避免损及桌子的存在感，汽球型的动态摆设、以展示独特单品点缀，让舒适的用餐时间更为怡人。

厨房

配置时应注意能对应各种场合使用的方便性。日常生活中不可或缺的场所，用于家人团聚、接待来客等，

展示型收纳的开放厨房

烹调器具、储存食材排列方式非常方便的厨房，是外观有趣，烹调时也能跟周围的人沟通的开放类型。不过，也因为是开放类型，适合能随手整理的人使用。不想看到的东西请收到工作台下方。

优先确保作业方便性及清洁

厨房作业方便性的重点在于烹调时的“行动模式＝动线”。烹调时经常使用的冰箱、瓦斯炉、水槽相关位置，会大幅度影响作业效率。基本原则是依照“从冰箱拿出食材→在水槽清洗→在煤气炉烹调”的顺序排列。此外，煤气炉、水槽、作业场所的工作台必须配合身高选择高度。长期维持不自然的姿势，可能导致腰痛等，必须特别注意。作业空间如果太狭窄，则无法顺畅处理食材或盛盘。此外，在厨房必须长期站立作业，地板如果能保持适度的软度与保温性，会非常舒适。

厨房必须使用水、火、油，除了防水、防火外，容易去污维护的方便性也很重要。防火、耐油的瓷砖、不锈钢不仅不容易渗入异味、脏污，也很容易清理，很受欢迎。搪瓷等受欢迎的理由也是如此。

与餐厅、客厅连贯的开放厨房中，房间里容易充满烟与味道，造成困扰。最理想的是厨房里有大窗，便于通风、换气、采光，但如果空间有限时，利用墙面的收纳会变少。越来越多人选择设置天窗来解决这个问题。此外，电器的声响也必须注意，微波炉的风扇、洗碗机尽可能选择安静的产品。

使用方便性随厨房类型不同

厨房随冰箱、煤气炉、水槽相关配置与工作台形状不同，可分为各种类型。由于各有特征，必须考量自己的用法与效率来选择适合的类型。

此外，厨房也可依据配置分成独立型、餐厅和客厅连贯开放型、居中的半开放型等，各有优点。独立型可以不用在意声响、味道集中烹饪，在其他房间用餐，所以厨房散乱也没关系；开放型能一边与周围交流一边享受烹饪乐趣；半开放型则只要适度隐藏，就能活用独立型、开放型两方的优点。

隐藏式收纳，利落展示，乐趣无穷

为了让厨房看起来清爽，采用“隐藏式收纳”。只要把烹调器具、调味料等琐碎的物品集中在篮子里，就不会显得杂乱。铁丝类看起来时尚，放进天然素材的篮子里，或以布覆盖，就能营造出温馨氛围。除订做的收纳外，利用带轮子的推车、市售的挂钩等，也可以设计出容易使用的收纳。

看起来很有趣的“展示型收纳”，重点在于小摆设的设计与展示法。除了摆设外，可以用挂钩、吊挂，营造出立体感。不想让人看到的部分，可以有效利用低矮的隔间家具等来遮住视线。

厨房基本配置

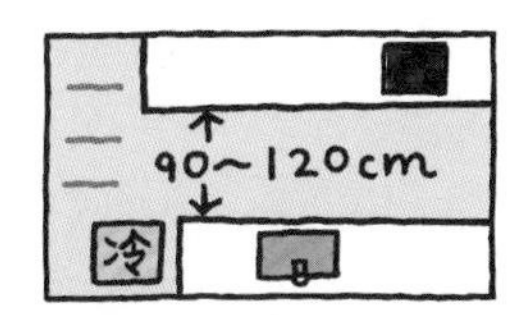

II 型

将冰箱放在水槽、煤气炉旁，形成三角形的类型。通过左右动作、回转可以有效作业。

I 型

将冰箱、煤气炉、水槽排成直线，只要左右移动就能作业的类型，十分节省空间。左右所需要的空间较小。

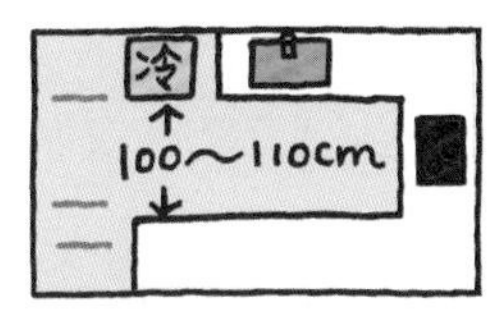

U字型

从3方向围绕U字型的类型，作业空间宽敞，多人数烹调时也很方便。适合独立型厨房采用。

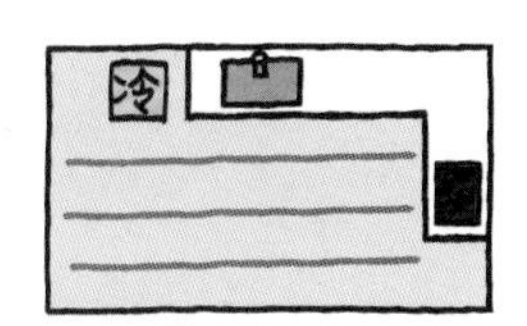

L字型

工作台宽敞，形成L字型的类型。左右移动距离短，能有效烹调的配置。

岛屿型

能从4方向使用，多人数烹调时也很方便的类型。适合与家人、朋友一起烹调的开放型厨房采用。

区分利用展示型收纳与隐藏式收纳

餐具橱的上方是隐藏式收纳，下方则是展示性收纳。香料等放在开放类部分，容易取出（左）。吊挂的烹调器具、工作台上装饰的花等则能衬托出配合房间装潢的开放厨房（右）。

装潢实例　厨房

兼具
收纳性与
设计性

东京都 · Y宅

两代均能安心使用的大容量厨房

上方柜子是能简单追加隔板，以架子支撑的展示用收纳。烹调时经常使用的调味料放在下方架上，方便使用。烹调器具也能轻松收纳的大容量厨房，适合大家庭使用。

活用空间的
半独立型
厨房

东京都 · T宅

以简单设计营造宽敞空间

运用波浪板玻璃、黄铜把手组合成的吧台能空出空间，使用方便。墙壁或上方架子设置挂钩，就能吊挂烹调器具等，迅速变身时尚风格，营造出简单、开放感十足的厨房。

东京都 · K宅

一边确认孩子情形一边烹调

可以随时确认孩子情形，厨房周边不放置物品，能与家人悠闲放松的空间。也很搭配黑白室内装潢的宽敞空间，乍看之下时尚无比，根本不会想到家里有小孩。

平坦的
对面型厨房

东京都 · K宅

一边烹调一边聊天

将简单＆自然的“Y chair”与桌子紧邻厨房摆放，能一边聊天一边烹调。烹调时不希望看到的手边作业可以利用吧台遮住，能随时看到家人的脸，互动也会增加。

增添
原创装潢

东京都 · I宅

每天都要用
所以坚持营造的空间

烹调中会不经意看到的雅致瓷砖图样，是夫妻两人设计的原创装潢。取代隔间的吧台收纳有主人喜爱的杂志，通过各自选用1把喜爱的椅子等细节，能感受到主人坚持的空间。

坚持
喜爱的品味

埼玉县 · H宅

厨房整体搭配

马上会看到的黑白六角形瓷砖，是喜爱足球的先生亲自设计、贴上。收纳空间的入口设计成拱状，并选用绿色椅子等，营造出具有特色的厨房。

卧室

搭配不是为了让人欣赏，而是为了舒适。
每天在此度过一定时间的私密空间。

配合自己喜好的颜色、材质

雅致色调的木制床搭配白色寝具。枕头套、床罩的柔和色调与材料质感能表现出主人的个性。花盆使用墙壁相同颜色，能强调植物的颜色，植物摆设法也能看出主人的品味。

不只是睡觉，个人的放松空间

只是睡觉，不需要让人欣赏，所以很容易被疏忽，这就是卧室。卧室是放松并养精蓄锐的重要空间，希望能营造出睡前在喜爱的装潢环抱下的舒适空间。正因为是不用在意别人视线的私密空间，所以能坚持自己的喜好，乐趣无穷。

床除了躺卧的舒适性外，外型、设计、外观的舒适性也必须考量。视觉上的放松效果也非常重要。床周边的寝具、窗帘、椅垫套等，要坚持自己的品味精选颜色、材质。以柔和的色系让人放松，如果自己跟另一半会感到舒适，也不妨选择个性化图案、材料。但是太过强烈，反而会让人睡不着的风格可能会扰人清梦。

灯具用法也是考量的重点。不将房间整体照亮，而是在床边、脚边、墙边等处分散设置不同的小型灯具，营造放松氛围也是方法之一。

如果还有剩余空间，不妨能在床上看的到的角落摆放喜爱物件，再以花朵点缀，更能营造放松氛围。在墙上挂绘画、照片的方法不但节省空间，还能得到相同效果，推荐各位尝试。

与另一半一起思考如何令各自感到舒适

以玩心放松

以蓝色为底色的卧室。家具、寝具选用简洁单品，看起来十分清爽。设计令人印象深刻的灯具及温馨的绘画、动态摆设也很有趣。增添乐趣，让人可以放松入眠。

卧室也是夫妻的私密客厅，希望能摆放沙发、桌子等，拥有能一起放松的时间。此外，也会想有各自阅读、从事兴趣事项的时间。

如果您与另一半的装潢喜好不同，必须设法营造出能各自感到舒适的空间。床等大型家具是夫妇共用，可以选用简单且没有特殊风格的产品。相对地，个别使用的灯具、小型收纳、化妆台、工作桌等可以根据个人喜好选择。组合各自的喜好，一起完成一个房间也很有乐趣。

睡前各自放松的时间

将衣柜放置在2张床间，形成个别空间。睡前阅读或听音乐，度过各自喜爱的时间。由于床间摆放的是低矮家具，也不损及整体感，能同时活用个别与共用的优点。

个别使用的空间可有效利用小型灯具

睡觉或醒着的时间等生活形态不同时，可以设置个别使用的空间，让各自都能感到放松。例如在床间摆放低矮的收纳家具，各自的枕边使用小型灯具。选择光线照射范围狭窄的灯具，光线不会照到对方的脸，妨碍对方睡眠。

卧房里同时有书房等，增添个别使用功能的人也越来越多。视用法不同，考虑位置与灯具。如果只是需要稍微工作，不妨在床边摆放小桌。与收纳组合，白天也可以作为化妆空间使用。

利用间接照明的专用空间

与床头柜融为一体的百叶部分上方可以装饰花朵，或作为能稍微工作的角落活用。不会妨碍睡眠的间接照明营造出雅致印象（左）。房间后方的化妆处也使用柔和的间接照明（右）。

长时间使用的专用空间可以活用家具、隔间

如果想设置长时间使用电脑、阅读的空间，可以摆放家具、隔间，营造某种程度独立的专用空间。可以考虑选用聚光灯型灯具，避免妨碍对方的睡眠。小型书房、化妆空间与各自的专用空间，可以用自己喜爱的装潢品味统一。

不同于夜间使用频率高的书房空间，化妆用空间希望能选择白天明亮的场所。不过，会有直射阳光照进的地方会在镜子里反射，请避免。此外，书房、化妆空间如果一开门就会看到，一定无法放松。包含床在内，请整体考量各自的配置。

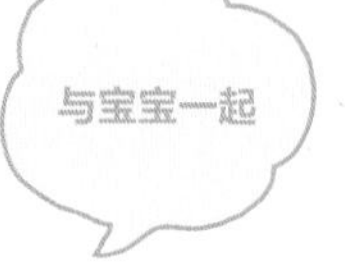

东京都 · T宅

考虑到今后的宽敞独立房间

包含婴儿床、婴儿用收纳在内，共12平米的宽敞卧室，亲子都能感到放松。考虑今后可能将房间的一部分隔间成儿童房，部分墙壁涂成绿色。

千叶县 · F宅

能变身家庭剧院的房间

在天花板上设置投影器，放下银幕就能作为家庭剧院使用。能赏玩喜爱画作或悠闲欣赏影像的放松空间。卧室作为私密客厅有效活用。

活用兴趣

东京都 · K宅

设置能眺望庭院的桌子

光线充足明亮的南侧窗边设置桌子，白天也能享受兴趣的房间。墙面上都设置架子，收纳也很充实。同时，右侧的宽广开口部分贴上薄布的拉门，也考虑到隔热性。

东京都 · Y宅

活用间接照明，营造雅致氛围

家人聚集的LDK与独立房间连在一起的结构。虽然与明亮印象的LDK连在一起，但隔间的内侧使用大量间接照明，营造出令人放松的空间。后方的书房空间可以不用在意别人的视线。

与LDK连在一起的独立房间

兼具雅致与个性

神奈川县 · F宅

重点性的效果

以白色为底色，床与收纳十分简单，整体看起来非常清爽。正因为如此，不占空间的窗户、时钟可以选用时尚单品，作为重点装饰。柔和的绿色也很怡人。

神奈川县 · I宅

同时感受到宽敞与独立性

与书房连在一起的卧室，拉开拉门就更宽敞，关上后则是独立的私密空间。颜色显眼的床罩点缀着咖啡色系空间，能感受到主人的品味。

活用拉门

儿童房

考虑到以后，弹性规划房间设计。为每天成长的孩子准备的专用空间，希望能成为守护孩子成长的场所。

色彩鲜艳且能放松的空间

有很多抽屉的鲜艳收纳，不只外观有趣，也能发挥孩子分类整理时的标记功能。孩子还小时，一定会弄脏或碰撞。墙壁、地板请选择容易清理，能随心使用的材料。

设计能让孩子思考、成长的房间

孩子还小时，不必急着准备“独立房间”。床可以放在父母的卧室一角，孩子的空间也只要拨出客厅一角等处即可。不过，希望能早点让孩子养成自己管理日常用品的习惯。就算没有独立房间，也请为孩子准备专用的衣柜、收纳、书架等。如果是跟兄弟姐妹一起，例如可以分享抽屉、不同段的柜子。这类家具请选择可以调节高度或加买零件的单品，长久使用，培养孩子珍惜物品的习惯。

到了小学高年级，不少孩子会希望有自己的房间。随着孩子成长，房间用法也会变化，所以与其让孩子拥有用法一定的房间，不如让孩子自己设计，才能便于使用。

以收纳为例，如果分得太细，还规定哪里要放什么东西，孩子就只能接受。推荐您选择孩子能自己自由隔间，重新排列架子的产品。更大一点后，东西越来越多，内容也会变化，最好能弹性应对。重要的是设计能配合孩子成长，改变家具数目与配置的房间。

装潢实例　儿童房

2人使用的
宽敞房间

东京都 · I宅

以家具隔开，自由配置

同性儿童2人共同使用的宽敞单一房间，各自准备桌子、收纳，运用家具配置隔开房间。既有能各自放松的开放感，也能配合成长自由改变配置。

东京都 · I宅

以分隔为2个独立房间为前提

现状是拉开拉门就能开放使用的儿童房，但今后也能作为独立房间使用。除了衣柜外，桌子、收纳、灯具等只要向左右靠，中央就能以墙壁隔间。

配合
成长的空间

东京都 · A宅

隔间法也要求弹性

以隔间或家具分隔单一房间的方法，一开始可以让女生、男生各自与母亲、父亲共享空间。到了想要有自己房间的年龄，可以分隔成兄弟各自的独立房间等，还能调整空间宽敞程度，非常方便。

玄关

如何使玄关在保持美感的同时家人也能每天舒适使用。访客首先看到的处所，正因为如此更应该讲究。

光线效果营造出高雅氛围

没有多余物品的优雅色调空间，脚边的间接照明、正面洗手处的聚光灯让空间看起来更有深度。能让人不是匆忙出门，而是自然会提早行动的玄关。

清爽中也能感受到家庭特性的场所

基本上，玄关不是长期停留的处所，但必须接待来客。除了空间非常宽敞的住宅外，玄关大多不能占太大空间。要是勉强摆设装饰用家具、小摆设，看起来杂乱。

玄关可以说是住宅的面子，不想让别人看到的东西要隐藏起来。地上充满鞋子、雨伞、外出用品等的玄关，生活感过于强烈。但是如果抽屉、小门太多，又会看起来太像仓库，不妨利用墙面设置简单且有大门的收纳。此外，如果能统一色调，就能看起来像墙面，给人清爽的印象。

其次，正因为是狭小空间，希望不要有压迫感。使用淡色营造雅致氛围，装设柔和的间接照明，或放置大型镜子让空间看起来更宽敞，设置间隙小架子营造深度等，不妨考量不同的搭配。

如果在清爽、宽敞的空间里有点缀重点，自然能吸引住视线。玄关不妨以花卉、植物、绘画、小摆设、挂毯、布料等作重点性装饰。重点在于可以配合各房间风格，根据自己的喜好选择，能让住宅看起来更有个性。

特色十足的接待

东京都 · O宅

活用细长空间的配置

矽藻土墙与长长的泥地空间，天窗射进的光线营造出静谧氛围的玄关大厅。利用空隙，犹如画廊一般展示主人自己的陶艺作品。架子上的空间增加深度，成为能让访客悠闲赏玩的空间。

鲜艳的镶嵌玻璃

实例 1

东京都 · I宅

有效利用展示性收纳

柔和色调的玄关设有能射进鲜艳光线的镶嵌玻璃。右手的鞋箱以大拉门收纳，看起来十分清爽。放置在角落的时尚置帽杆能点缀玄关。

利用镜子显得更宽敞

东京都 · Y宅

光线用法、颜色也是重点

在白墙上进行间接照明，映照在镜面门上。选用大块玻璃作为收纳的门，能营造宽敞与统一感。除了视觉效果外，另一个优点是外出时可以用来整理仪容。

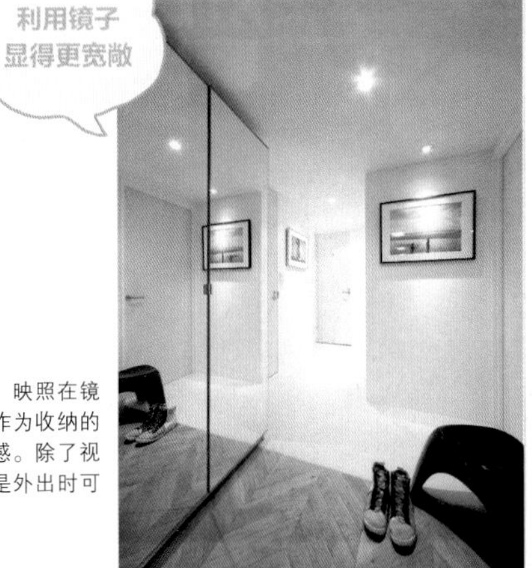

卫浴空间

物品容易越积越多的卫浴空间，不只是卫生方面，美观也很重要。

清洁感中增添温馨氛围

以白色为底色的卫浴空间具有清洁感，脚边的植物与间接照明增添柔和印象。洗脸台下的抽屉和镜子后面也能收纳，让空间变得很清爽。化妆室与浴室中有暖地板，也考量到舒适性。

不作过度装饰选用优质小摆设

洗脸台、浴室、洗手间等卫浴空间基本上比较狭窄，小摆设也多。而且不只是家人会频繁使用，客人也会利用。如果能将卫浴营造成时尚且舒适的空间，住宅整体的形象也会提升。

牙刷、毛巾、刮胡刀、化妆品、纸类、清洁剂等物品占用卫浴大部分空间。想在这里摆设装饰性小物，并重视美观非常困难。

卫浴空间整体上要看起来清爽，首先请考量必要物品的收纳法与展示法。不想让人看到的东西请收进有门的柜子或抽屉里，隐藏起来。每天使用物品的一部分可以开放展示，或排列在洗脸台上以方便使用。因为是一定会看到并实际使用的物品，请考虑材质、设计后精选。优质小物能提升空间整体的形象。

另一个重点则是毛巾、拖鞋、垫子等的颜色，除了整体以有清洁感的白色，清新的绿色系统一外，使用鲜艳颜色点缀也很有效。也推荐您在白色、粉色系墙壁的部分涂油漆或以壁纸增添颜色。使用深色能增添深度，并让生活感变得较不明显。

怀旧空间

东京都 · A宅

马赛克瓷砖的光线游戏

以蓝色为底色，利用间接照明的卫浴空间。贴有随光线晃动展现出不同表情的马赛克瓷砖，洗脸台、收纳等展现独特味道，杯子里插有颜色鲜艳的牙刷，与日常生活截然不同，犹如电影场景一般。

简单
又时尚

神奈川县 · A宅

篮子x架子的展示收纳

洗脸台、水龙头、毛巾架等精选简单又美观的产品。清洁剂，毛巾采用容易取用的展示收纳。有效利用篮子，也精心设计排列、折叠法。外观也非常清爽、舒适。

鲜艳
却高雅

东京都 · T宅

以墙壁颜色
改变日常印象

首先映入眼帘的红墙颜色深，与其说是时尚不如说是雅致，让化妆室这个日常空间的形象焕然一新。精选优质五金零件、小摆设等重点装饰，营造出成熟的时尚氛围。

8 不同房间的装潢重点

工作空间

正因为是能一个人自由使用的空间，所以应该以自己喜爱的单品作为主角。

简单办公、阅读、使用电脑、从事兴趣工作。

将阁楼用于兴趣用房间

LDK上方的阁楼营造成能自由享受兴趣乐趣的空间。窗边摆放长桌，可以作为电脑空间自由使用。以黑白为底色的空间里，画在黑板上的图、披头士的“Abbey Road”专辑海报令人印象深刻。

通过装潢设计营造不占地方又舒适的空间

住宅除了是用餐、家人一起放松、睡眠等生活必需场所外，不少住宅开始设置能一个人自由利用的精选空间。除了桌椅外，收纳工作、兴趣用品或展示喜爱单品的架子是这个空间的基本要素。

兴趣空间除非能像书房一样设定独立房间，否则就要看您的创意跟搭配了。例如利用楼梯间、阁楼、走廊的一部分、客厅、厨房一角或利用白天不使用的卧室一角等，可以配合隔间、空间展示。

为了能实际体验到一个人的自由感觉，家具配置非常重要。例如如果要利用卧室的一部分，可以将桌子背对床摆放，调整视线。也能利用书架来隔间。

家具请配合空间、用法选择，不占空间的电脑桌、兴趣作业的作业台等，用途如能特定就容易选择。例如可以组合没有抽屉的桌子与带轮子的附抽屉推车，不用的时候能把推车收到桌子下方。或活用能调整尺寸的组合式架子，设计出配合空间的收纳等。如此一来不仅不占空间，还能营造出方便、舒适的空间。

装潢实例　工作空间

家人的
秘密基地

神奈川县 · I宅

宽敞的共用工作空间

厨房旁的图书馆空间，只要关上拉门，就成为独立空间。坐到桌子前，视线就会朝向窗户，因此能一个人集中作业。能坐在沙发上放松或欣赏音乐，度过悠闲时光。

不占空间
且让空间
更宽敞

实例 1

东京都 · S宅

活用楼梯上的挑高空间

面向挑高的空间，开放感十足，也不用在意其他人的视线。充满木料温馨质感的天花板映照在桌子的玻璃桌面上，让空间更显宽敞。与墙壁色系搭配的架子也非常时尚。

舒适的
小空间

东京都 · T宅

利用房间角落

利用部分房间角落形成工作空间，深咖啡色的地板、柱子，桌子营造出雅致氛围。不经意遮住照在电脑上光线的布料与椅垫的明亮色调等，以布料营造出舒适空间。

专栏4

以海报、绘画点缀墙面时的品味重点？

配合张数统一位置、高度

想让墙面装饰看起来有品味，重点在于绘画、海报的装饰位置及与周边装潢间的平衡。基本上请选择容易进入视线的高度，并装饰在沙发等家具背面中央。墙面需要考虑到留白，不可太过繁琐。以间接照明打灯或装饰花朵、植物也是不错的方法，但不要忘了主角还是海报、绘画，增添与原本氛围不搭的物品，会让整体印象变得薄弱。

想展示多幅绘画、照片时，必须统一装饰物品的大小等。例如要装饰2张画时，请统一画框、大小，并打直或打横对齐排列. 因为张数不容易保持平衡，可以加进灯具、植物。装饰多张绘画时，也必须统一大小、画框，或上下左右对准其中一条线等，设法统整。将绘画集中并规则排列，让整体看起来像一张大型画作，或将多张画放进单一大型画框里装饰，也是提升装饰品味的技巧。

活用绘画、海报以外物品

能点缀墙面的不只是绘画、海报。可以将因本身兴趣收集的物品排列、吊挂，或以设计令人印象深刻的挂钟、装饰用盘等进行重点装饰。

质感、颜色不同的各种布料也是有效的装饰单品，展示大型挂毯、布画框等，或排列多张手工编织的桌布、颜色鲜艳的午餐垫等也不错。如果想营造日式氛围，图样时尚的日式手巾等也很不错。设置装饰架，以布料装饰，再配合氛围展示小摆设等创意也值得推荐。

此外，如果想展示独特装饰品，可以在同列摆设颜色、形状等具共通性物品，就能营造出清爽、时尚的印象。

如果想强调单一重点，不妨将周边保持简单，衬托出重点。如果要组合多种摆设，则需注意统一以免看起来过于繁杂。如果想做新鲜且独创的展示，不妨活用自己的喜好，挑战使用不常用来装饰墙面的素材、物品。

Part 5

家具与收纳

家具选择重点

谨在此介绍事前准备的4大重点。选择新家具非常有趣，但为了避免冲动购买后的失败，

回顾生活形态

家具的选择会随生活形态不同

再有魅力的家具，不用就不会发出原有的光辉。此外，家具与房间里其他物品的平衡也很重要。如果只选择单一豪华家具，可能会显得过于突兀。首先请回顾自己的生活形态，慎重考虑今后希望如何生活，再选择家具。

例如家里客人多时，请选择大型餐桌，椅子数目也要比家人人数多，才能应对临时需求。如果您大多坐在地板上，与其摆设占地方的沙发，不如选择矮桌搭配精选椅垫。请利用这个机会审视所有家人的生活形态，找出真正实用的家具。

每个房间都要统一

有统一感的装潢能营造出舒适空间

要是不经考虑就乱买家具，会让装潢变得十分杂乱。在具体选择商品前，请首先确认不同房间的装潢风格。

对舒适空间而言，重要的是家具的“统一感”，要统一住宅整体的装潢不容易，因此不妨以房间或楼层分区，统一主题或色彩。

如果不确定房间的装潢风格，请参考P8介绍的不同风格装潢法。还有介绍各种时尚住宅的装潢实例集。浏览不同实例后，就能渐渐掌握自己想营造的风格。

资讯收集＆考量比较

实际出发寻找前要有调查的准备期

要是选定了自己想要的家具，就应该去寻找该项商品了。

首先请到网路、杂志上寻找销售您喜爱家具的品牌或店家。在到店里寻找以前，即使是简单的家具也要调查颜色、尺寸的不同、才能找到最适合您的商品。

选购家具时，尺寸不对是常犯的错误。不能只是考虑到格局，也请量好柱子、空调位置的尺寸。如此一来、才不会发生买下后“放不进去”、“跟其他家具搭起来不平衡”等问题。

此外，如果有预算时，最好能决定个别家具的价位，恰当分配预算。

确认门与梁柱等位置

以平面图模拟家具配置

考虑家具配置时，首先必须正确掌握房间布局。请参考下图丈量尺寸，制作平面图。

房间形状、门窗位置之外，门窗开法、插座・电视天线插座、电话线路插口位置等都必须丈量。窗帘轨道的宽度、厚度、樑柱突出部分也容易忽略，千万不要忘记。

平面图做好后，不妨先模拟配置家具。只要有平面图，家电、家具的摆放、大小自然就会确定。除了家具放不放得下外，也能掌握自由空间的大小和室内动线。大型家具还必须确认搬入路线，此外，考虑到生活的便利性，家具尺寸、形状也要慎重考虑。

要点

同样的大面积，
宽敞程度却会随房子不同而异。

同样的大面积，宽敞程度却会随布局不同而异。此外，榻榻米大小也能区分成2类，分别是京间（91cm×182cm）与江户间(88cm×176cm)，特征是“京间”尺寸较大。

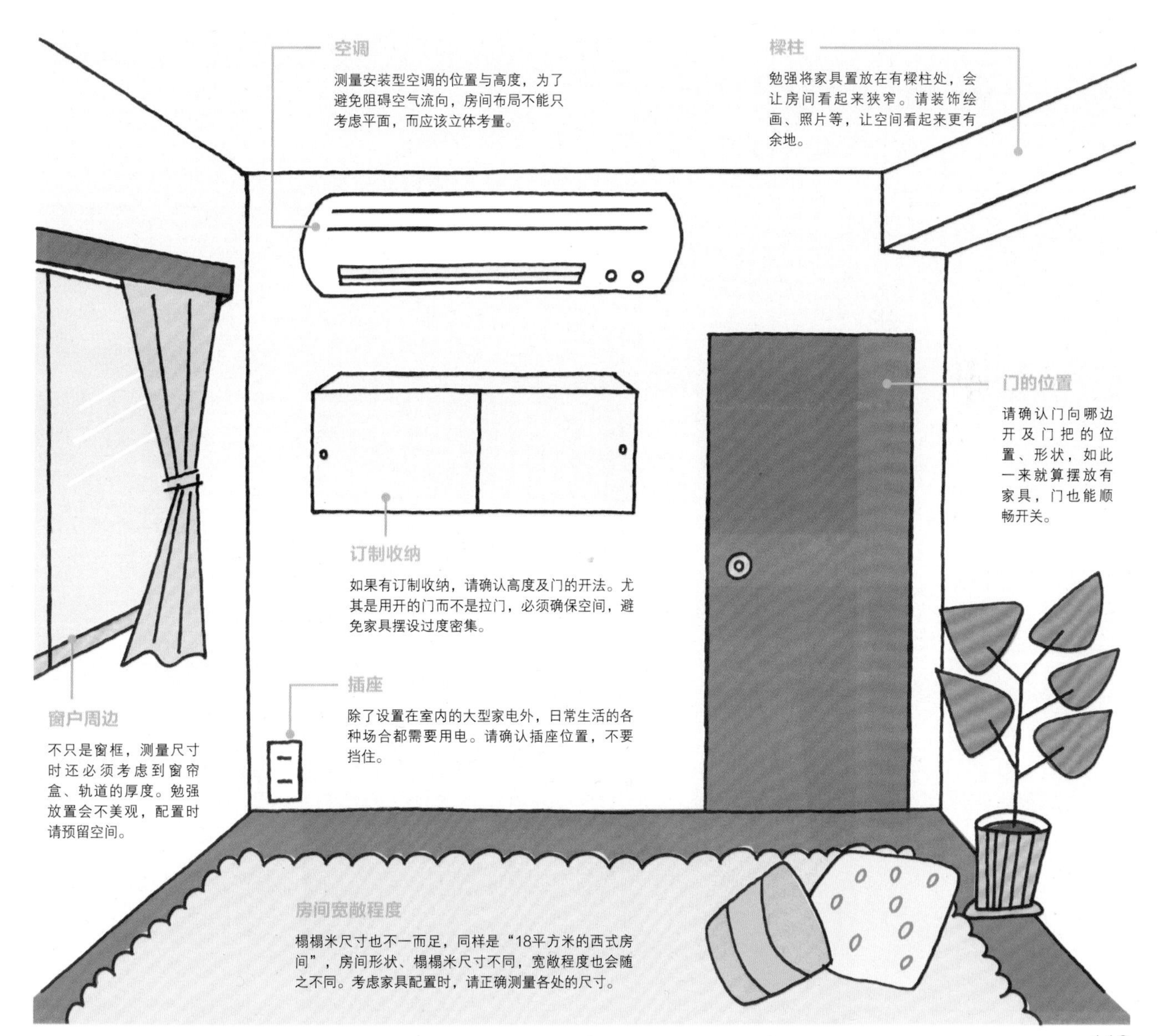

房间
×
家具类型

不同房间的家具选择法

客厅

客厅用桌子

选择客厅用桌子，重点在于考虑与沙发的搭配。基本上，中央的桌子最好比沙发座面高5～10cm，茶几的座面或扶手最好与沙发高度相同。只要掌握基本原则，不仅外观美丽，也更实用。有小孩子的家庭，最好选用不容易迸裂及角落圆滑的家具。

桌面

客厅使用的桌子高度一般为30～40cm，高度并不高，但有小孩、宠物如果爬到桌上可能会撞到。选用时请考虑材质、形状。

收纳空间

有能收纳杂志、小物等容易散乱物品的空间，非常实用。看起来不像收纳空间的设计性单品，种类繁多。

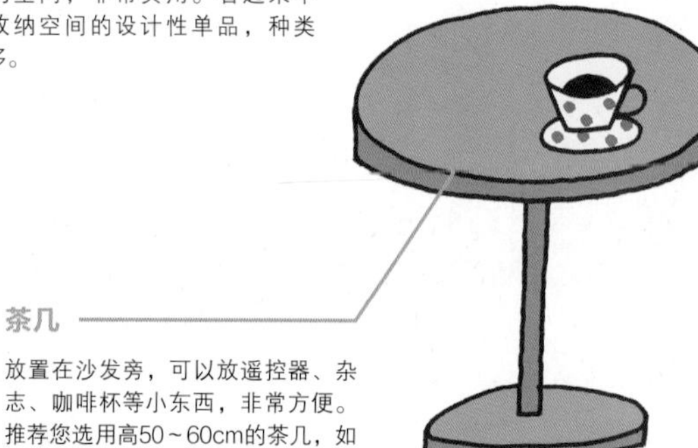

茶几

放置在沙发旁，可以放遥控器、杂志、咖啡杯等小东西，非常方便。推荐您选用高50～60cm的茶几，如此一来坐在沙发上也会很好用。

要点

配合状况选择桌子

随房间宽敞程度、使用法等不同，与其勉强摆放中央桌子，让房间变得狭窄，不如选用茶几。如此一来能确保宽敞的活动空间，生活也更愉快舒适。

不容易厌烦的
简单设计茶几

特征是桌脚的设计，George Nelson于1954年发表。"Nelson Endtable" Φ43xH54.5cm 6万9300日元（约人民币3558元）/ hhstyle.com 青山总店

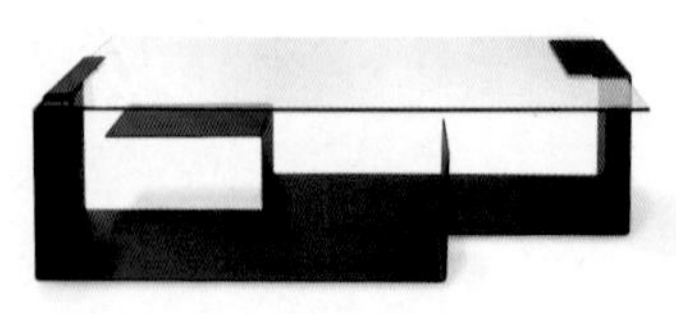

摺弯金属板的独特设计

Konstantin G钢筑混泥土ic于2002年发表的桌子。"Diana D"W90xD64x26cm 22万6800日元（约人民币11741元）/ hhstyle.com 青山总店

简单且好用的原木矮桌

木纹十分美丽的桌子，桌面下的收纳很方便。"Ark Lowtable maple nature" W110xD50xH40cm 8万1900日元（约人民币4240元）/ IDE线上商店

沙发

沙发是能让您在客厅放松的家具，视您坐躺的时长和惯用的姿势来选择合心意的舒适沙发。同时也需要视生活形态、房间布局的差异、沙发会占用空间等因素，选择是否需要添置沙发。

要点

选购前

请确认搬入路线

3个人坐的沙发宽度高达2m以上，太窄的走廊无法转弯，可能伤到家具、墙壁。如果是大厦，请确认能否搬进电梯。在选购商品前，请先丈量搬入路线。

40年以上在全球备受欢迎的长期热销沙发

组合密度不同的4种发泡PU，坐起来非常舒适。轻盈且容易移动“TOGO（3人用）”W174xD102xH70（SH38）cm 18万3750日元~39万9000日元（约人民币9432元~2万 4 81元）（视椅套布料而异）/ Ligne Roset

宽敞柔软沙发

椅套使用灯芯绒，相当宽敞舒适。“FK SOFA 3-SEATER”W2040 D960 H800 SH430 41万4750日元（约人民币2万1289元）/ TRUCK

时尚外观美丽的单人用“Miller Sofa”

英国籍设计师・Mathew Hilton作品。“MILLER SOFA（1）”W80xD92xH80（SH41）cm 18万4800日元（约人民币9486元）起（随椅套布料而异）/ IDE线上商店

餐桌椅

与日常生活息息相关的餐桌椅，如果太小用起来不舒服，太大又会太占空间。请配合家人人数选择适当尺寸。重点是椅子座位与餐桌桌面的高度，以及椅子的重量、有无扶手、桌子的尺寸、高度是否平衡等因素考量。餐桌椅尺寸必须成套考虑。

餐厅

桌面

单人的桌面宽度参考基准是60x40cm，4人用至少需要120x80cm，如果能有135x80cm，就能悠闲用餐。

桌脚

桌脚如果在桌子边角，椅子比较容易拉进拉出，如果位于桌子内侧往外斜伸的话，走过旁边时容易撞到脚。

椅背

高椅背会给人正式的印象，但如果房间太窄，推荐您选用椅背低的椅子，能让房间看起来更清爽。

座位与桌子的高度差距

座位与桌子的高度差距会影响是否能轻松用餐与坐起来的感觉，基本上据称27～30cm最好坐。

要点

也必须考量
耐久性与维修

餐桌使用频率高，因此选择商品时也必须考虑耐久性、保养法。木制餐桌推荐您选择天然木料切出木板或以矩形方木制成的原木产品。使用过程中可以重新削过后长久使用。

意大利摩登巨匠
Gio Ponti的长销作品

追求机能、美感极限的杰作。重1,700g的轻量椅子。“Super Leggera”W40.5xD45xH83（SH45.5）cm 19万9500日元（约人民币1万240元）/ Cassina IXC 青山总店

日本代表性设计师
的杰作餐桌

设计性高，特征是不会摇晃的3根桌脚。活用木纹的美丽咖啡色。“餐桌 DC Brown”Φ110xH70cm 13万1250日元（约人民币6737元）/ IDE线上商店

简单不冗赘的设计
在欧洲也备受欢迎

追求简单极致的设计。尺寸种类繁多，高度也能随意调整。“Haller Table Blackoak”W150xD77xH74cm 12万6000日元（约人民币6468元）/ hhstyle.com 青山总店

床

为了拥有优质睡眠，请慎重选择床。视设计不同，实际尺寸会有出入，除了床本身的尺寸、设计等因素外，容易疏忽的床垫也要特别注意。床垫种类会影响使用舒适度及本人健康状态，比较高的人推荐选择长210cm左右的长型床。

床头

是否选择床头柜是影响床头板选择的因素之一。如果放摆床头柜需选择垂直床头板，不能放则请选择带架子的床头板。

床垫

内里材质种类繁多，请选择张力、弹力适度的产品。最好不要选择腰部、全身会下沉的单品。

床底

床底最好是木板等具透气性材料，其中还有能将床垫掀开收纳的床具。

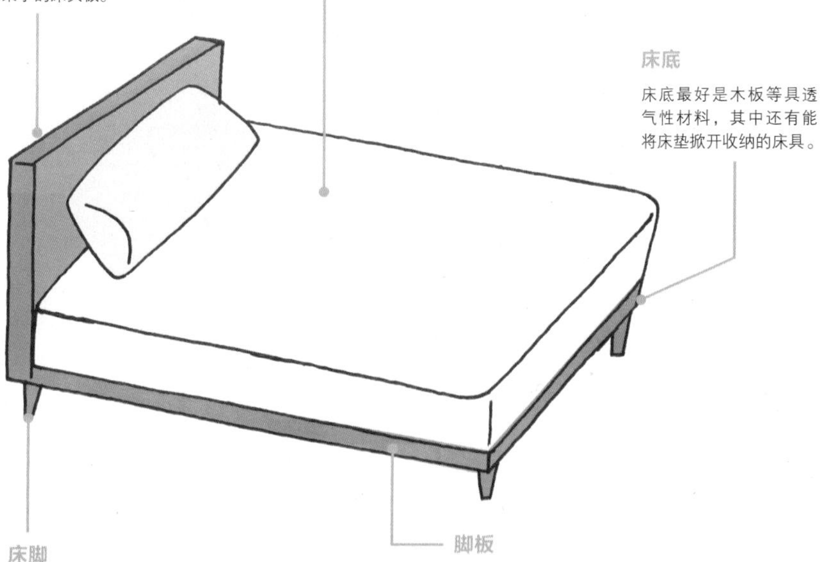

床脚

如果要选择有脚的床，为了容易打扫床下，最好选择吸尘器吸头能伸进的高度。

脚板

脚板位于床的脚部，具有防止棉被下滑的功能。没有脚板的床则称为“好莱坞风格”，容易整理。

要点

实际躺躺看
确认舒适程度

床垫会影响床的舒适程度，可以试试从多张床垫中选择。请实际躺躺看，确认是否容易翻身，及躺下时会不会持续打横摇晃。

标准床尺寸

	宽度	长度
单人	97~110cm	200~210cm
半双人	120~125cm	200~210cm
双人	140~160cm	200~210cm
皇后	170~180cm	200~210cm

上述外，还有比皇后尺寸更宽的国王尺寸（仅供参考，随厂商不同而异）。

家具工匠制作的
纯白原木床

白色原木给人带来安心感，能放松。“SIROMUK 正梦床”双人W144xD201.7xH70cm 17万4000日元（约人民币8931元）（床垫与小桌需另行选购）/ Rigna

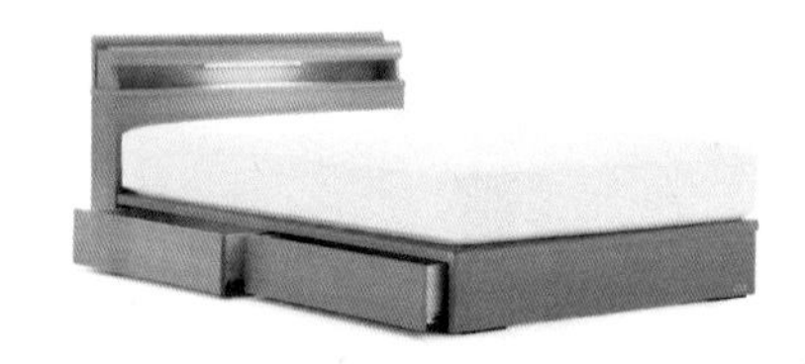

选择床垫与床框的
组合式床

照片是附收纳空间的床。“RD-L204”双人·DR W155.4xD213xH83cm 床框12万750日元（约人民币6198元）床框+床垫21万日元（约人民币1万779元）/ France Bed

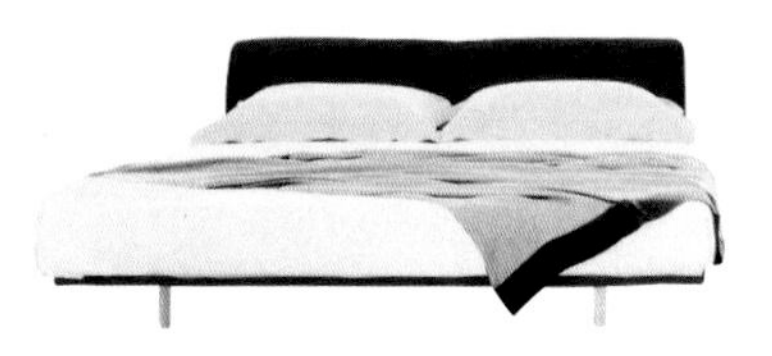

意大利设计界代表性设计师
Piero Lissoni床具

清爽脚部与丰富本体的平衡魅力十足，有单人与半双人尺寸。“Site”单人 W104xD229xH74cm 21万日元（约人民币1万779元）起（不含床垫）/ Cassina IXC 青山总店

根据动线考虑是否方便使用

能顺畅移动的动线才不会累积压力

室内人们移动的路线称为动线，动线会因房间、家具配置决定。动线顺畅时，不论房间大小都能有效移动，生活也便捷。

例如用餐时从厨房到餐厅的动线，与晒衣服时洗脸室到阳台的动线，都是日常生活中常用的动线。如果这些动线不顺畅，每次都必须绕远路或打横走，会让人感到非常不便捷。

动线在一个人面对正面移动时需要有55～66cm的通路宽度，2个人错身而过时则是110～120cm。高度较低家具的通路宽度可以更窄，当然，空间越宽裕越不会感到压力。如果家人多或家人体格壮硕时，最好能确保更宽的通路。

有效动线的重点是将家具放在少有人通过的地方，另外避免形成死巷，将家具摆放成任何路线都能穿透。

动线计划

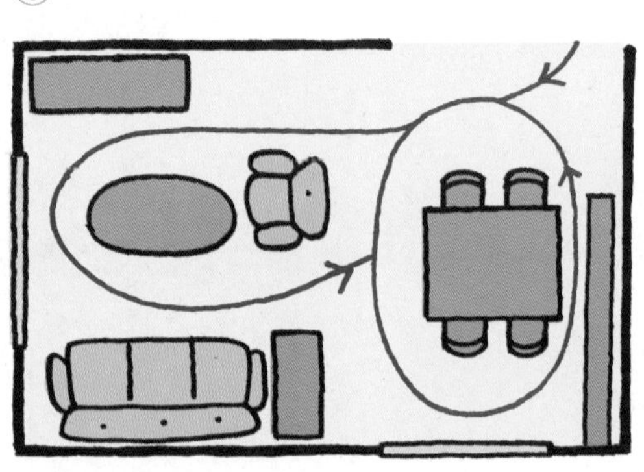

将餐桌椅远离墙壁、吧台摆放，能让动线变得更顺畅. 沙发与墙壁平行摆放，能让往来更方便。

×

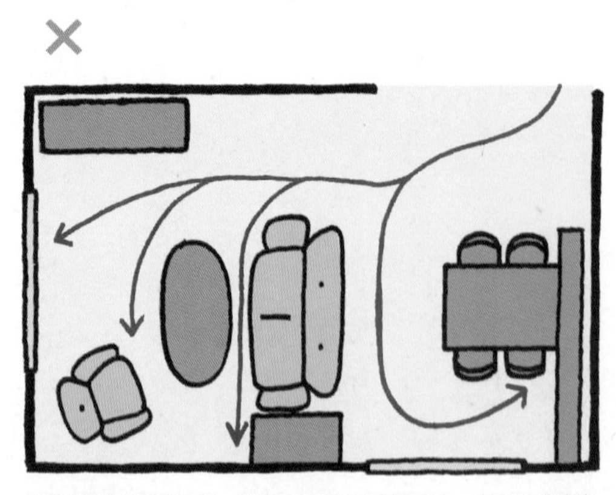

将餐桌椅集中确保空间，沙发面对窗边让视野更广，容易形成动线的死巷。

人通过必要之空间

约45cm
横向通过

约55~60cm
正面通过

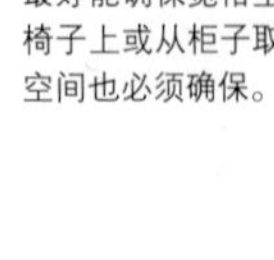

约110~120cm
面对正面2人错身而过

如果只有1～2人通过，只要确保基准宽度即可。如果是有很多人往来的客厅、餐厅最好能确保宽裕空间。坐在椅子上或从柜子取放物品的空间也必须确保。

决定配置时必须意识到视线

略显散漫的空间请形成能吸引视线的点

家具配置不能只考虑方便程度，也必须重视外观。

重点是视野广度，特别是套房容易用家具来隔开空间，请避免从地板到天花板以特定家具截断整体空间。最好活用沙发、矮柜等低矮家具、让视野有出口。不过收纳柜、厨房等容易散乱的场所不太美观，可以想办法遮掩起来。

此外，使空间看起来更宽敞的技巧是在房间里配置小摆设、绘画等令人印象深刻的单一重点，汇聚视线，让人忽略太过有生活感的场所。加进光线效果也能营造出魅力十足的空间。

开门后会马上看到的正面墙壁或坐在沙发上时视线所及之处，不妨设计成艺术性角落。

统一家具的高度、线条

统一高度、正面、色调等家具的配置和特性

在选择家具阶段时需想象房间形象，如果配置时一旦失败，就会让整体显得散漫。

统一邻接家具的高度、正面线条能形成整体感，看起来很清爽。邻接家具如果正面看起来高低凹凸不平，就会感觉很杂乱。

低矮家具下方可以加台子，深度浅的家具最好远离墙壁配置。技巧之一是可以按照高度配置家具，让高度差距变小。

此外，统一家具色调也不错。特别是木制品如果颜色浓淡不一，会看起来很杂乱，建议您配置类似色调的家具。

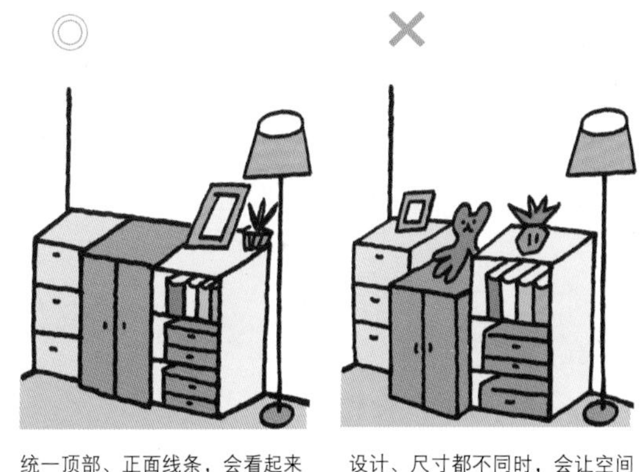

统一顶部、正面线条，会看起来十分清爽。

设计、尺寸都不同时，会让空间的外观变差。

不要让家具分散

将家具集中，制造更宽敞的视觉效果

房间的印象会大幅影响空间宽度，除了减少家具数目外，让我们能有效活用让房间看起来更宽敞的技巧吧。

让空间看起来更宽敞的诀窍在于家具配置，家具数目相同，能看到更多地板、墙壁的配置，会看起来更宽敞，营造出宽裕空间。因此，家具最好不要四处分散，尽可能集中配置在空间里一处。

集中家具的场所最好是远离门的区域，要是在门前保留宽敞空间，一走进来就会有好印象。这个技巧也能够有效利用空间，请务必参考使用。

◎

将门附近预留为开放空间，并将家具集中在房间前方侧边。

×

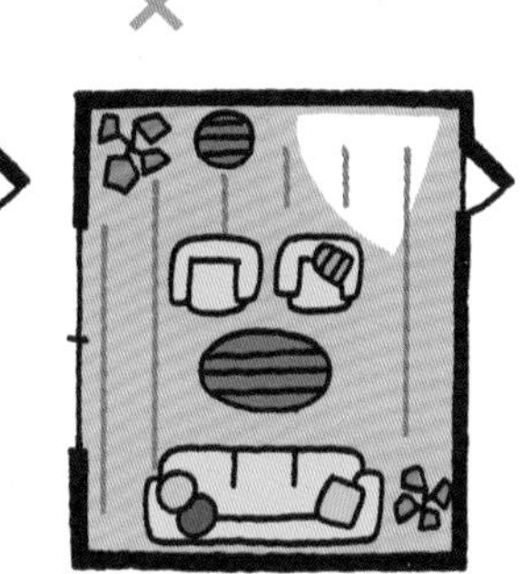

门前有装潢且狭窄，家具四处分散。

家具配置重点

客厅

不论是单体或组合都能使用的沙发最适合客厅使用，配置成L字型，能营造出宽敞空间。

采用能配合场合改变的配置

客厅是家人在日常生活中聚集、放松的场所，但有客人来时则会变成待客空间，是有多重用途的空间。

同样的沙发、客厅用桌子，氛围及空间的宽敞程度会因为配置而截然不同。因此能配合TPO（time、place、occasion，即时间、地点、场合）改变配置的弹性家具非常必要，例如能配合空间自由组合数目、形状的系统沙发容易变化，也能弹性应对重新装潢。

客厅的基本配置是下图的4类，对面型、L字型为主，增加、减少家具数目还能改变成并列型，围绕型、如果想加进少许变化时，可以组合椅子营造出时尚氛围。

此外，坐在椅子上或进出时，能伸直脚放松最好，所以沙发与客厅用桌子间请确保50cm左右的空间。

沙发与桌子间的空间

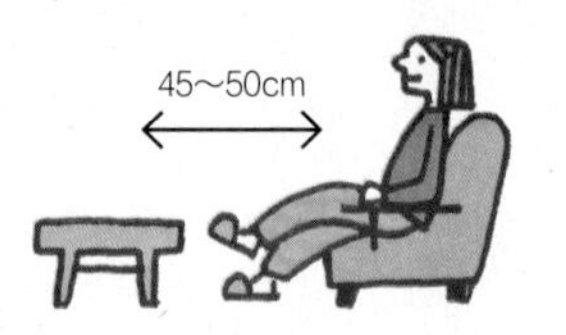

沙发与桌子间的空间

座面35cm左右的沙发，能伸直或翘脚轻松入座。与桌子间请确保45～50cm的空间。

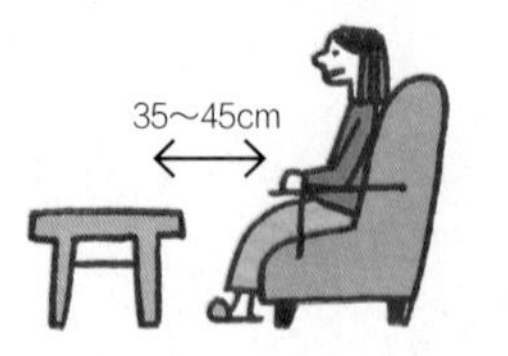

座面高

座面42cm左右的较高沙发，必须正襟危坐，因此与桌子间请确保35～45cm的空间。

客厅组的配置类型

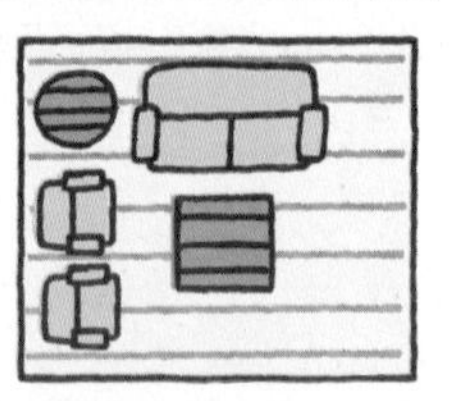

L字型

能不用在意其他人视线入座，让人非常放松的配置。出入时的动线也非常宽裕。

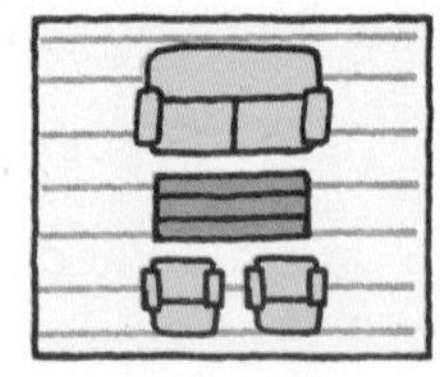

对面型

面对面坐，因此会感到紧张，适合待客用空间使用。两侧确保有通路空间。

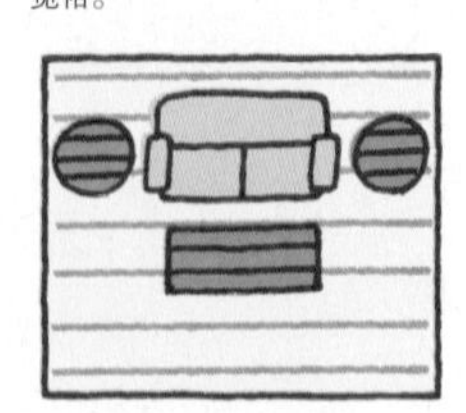

并列型

最简单也最节省空间的配置，靠着坐，能提升亲密感，不适合待客空间使用。

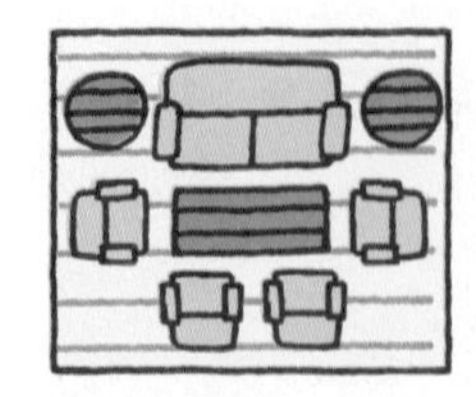

围绕型

围绕桌子的配置，视线交错，因此必须确保一定距离配置。

只有1根桌脚的圆桌，椅子数目、配置都非常自由，但桌面外侧有桌脚时，配置就会受到限制。

重要的是确保便于行动的动线与空间

在餐厅里经常需要一下站一下坐或起身盛菜，要是不确保必要空间，就会产生许多不必要的动作。

首先，餐厅家具的配置非常重要。设计配置时必须考虑到厨房、餐具柜之间的动线能否顺畅准备餐点，打开餐具柜的门时，会不会妨碍到坐着的人，以及有人坐在位子上时是否能顺利上菜。重点是尽可能不要摆放多余家具，以柔和的美术品、植物装饰。

餐桌的尺寸、形状也必须慎重考虑，用餐时一个人必须有宽约60cm，深约40cm的空间。在家人人数外，还必须留有少许空间，但如果尺寸相同，比起圆形餐桌，方形餐桌更不占空间。

此外，从厨房过来的动线除了容易活动外，还必须考虑在餐桌用餐时看到的风景。附近如果有高家具，或是会看到散乱的水槽边，会让用餐的气氛变坏。厨房、餐厅也可以用家具隔开，您也不妨调整家具配置改善相关环境。

桌子周边必要的空间

请确保日常生活需要的底限空间，否则活动起来就会不方便。要站起或坐下时，桌子与墙壁或其他家具间最少需要60cm以上宽度，通过坐着的人后方，需要60～90cm的空间。

桌子周边必要的空间

2人用 除了用餐，如果要用于工作，最好选较大的桌子。

4人用 圆桌比方桌需要更大的空间，请特别注意。

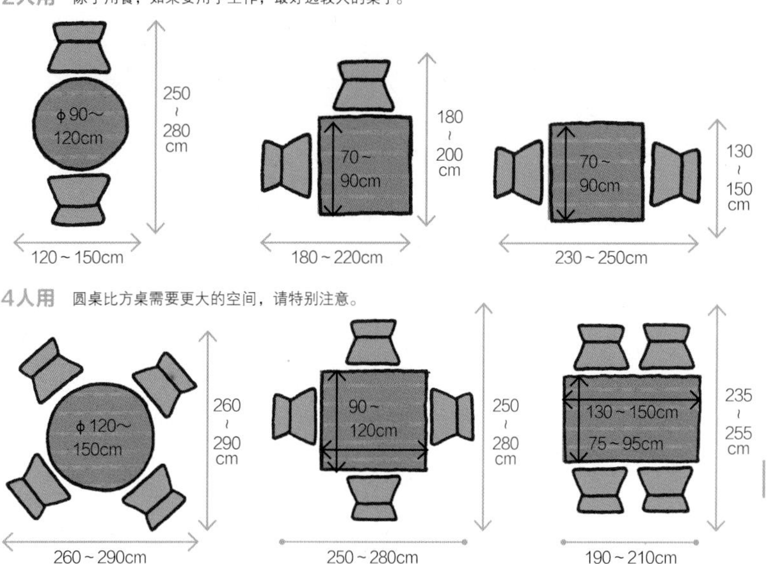

卧室

考量床周边的环境与空间

卧室除了睡觉外，也必须是能放松的空间。比起紧靠墙壁的配置，头部以外的三个方向最好不要截断空间，才能得到如饭店一般的开放感。就算靠墙放，最少要与墙面保持10cm以上的距离。除了在整理床时必要外，也有助于防止盖被滑落，改善通风。

床的大小随卧室宽敞程度改变，考虑到必须在卧室换衣服、化妆，最好确保宽裕空间。如果只是通路，只要50cm左右就好，但如果要开关衣柜，与床间至少要确保90cm左右的空间，否则就无法顺畅使用。

窗户与床的相关位置也很重要，窗户近时，冬天头部、肩膀容易受凉，影响睡眠品质。如果将床摆设在会照到晨光的位置，最好选用斜光窗帘避免阳光过于耀眼。

欧美国家基本上将床头板紧靠墙，有助于放松。墙上一般可以装饰喜爱的艺术品、照片。

床周边必要的空间

单人床x2

摆放2张单人床，2人的身体动作不会影响到对方，能放松休息。其中1张靠墙放时，整理床不容易，两侧都要预留空间。

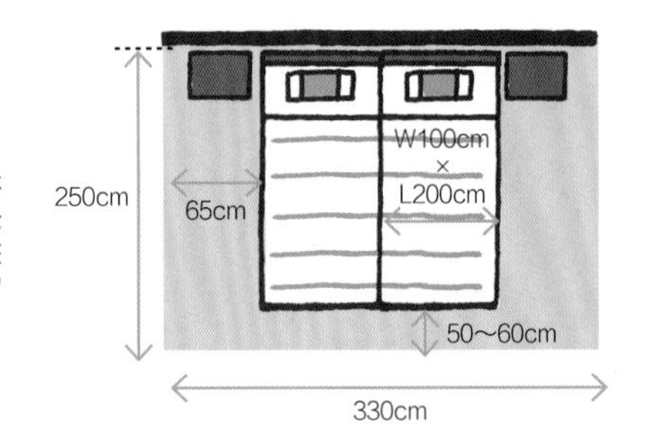

单人床x2

将2张单人床分开摆放，至少需要18平方米以上的空间。如果要置放架子等其他家具，最好要有24平方米以上的空间。

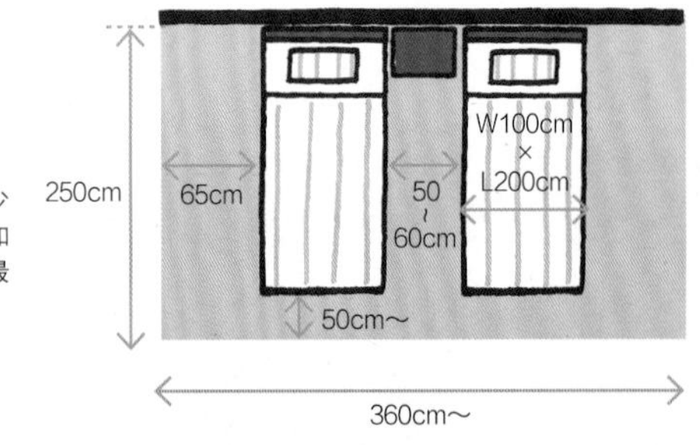

单人床x1

将床紧靠墙摆放，容易导致盖被滑落。至少要离墙10cm左右，确保棉被厚度部分。

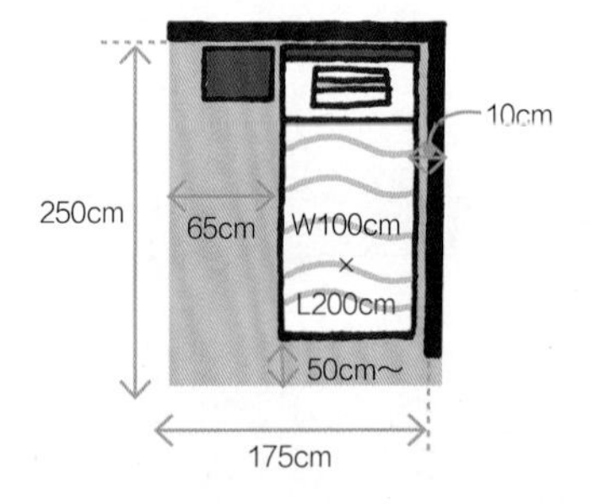

双人床x1

双人床只要有13.5平方米以上空间就能摆放，非常值得推荐。不过，视门的位置不同，开关时可能会撞到床。

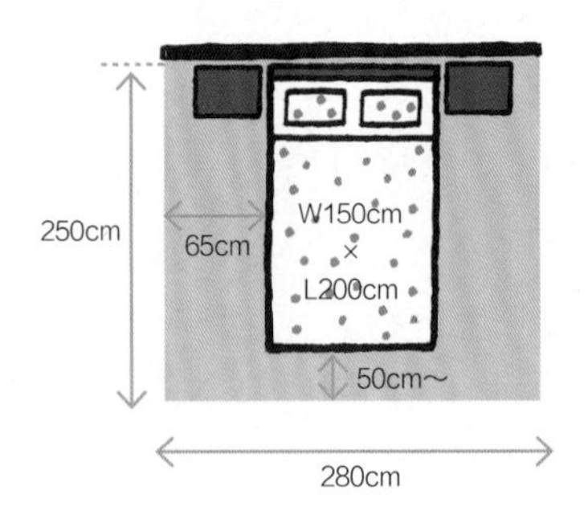

儿童房

能配合成长改变的弹性配置

儿童房需要的家具会随着孩子成长改变，如果能一开始就选用能重新组合、增加的弹性家具，能让配置变更更为方便。

幼儿期为了让孩子能放松游玩，家具数目不要太多，请靠墙配置。幼儿期到学童期间，儿童房是训练小孩自己换衣服、收拾东西的训练场所，请准备低矮的收纳家具，让孩子容易收拾。特别是开放架能一眼就看清楚收拾状况，在孩子能自己把房间收拾好前，请父母亲要勤于检查。

此外，孩子大了后，请设计成能专心念书的配置。如果有2个以上的小孩，可以用收纳家具等隔间，确保各自的私密空间。

墙边的衣柜可以移动，移动到中央，就能隔出2间房间，是考量到今后孩子成长的配置。

儿童床周边必要的空间

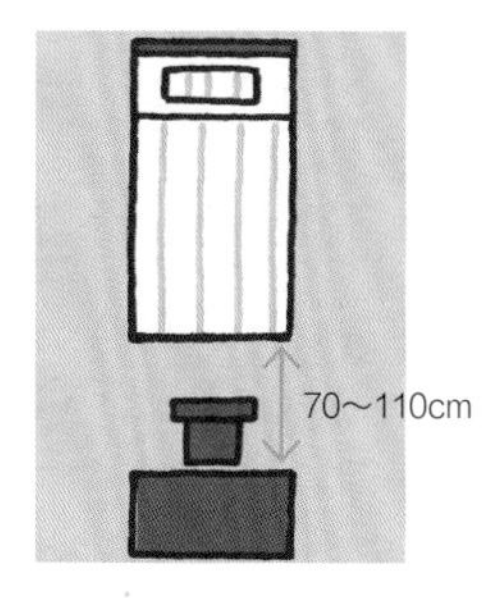

如果需要通过桌子后方，需要110cm的宽度，如果不需要通过，则只要70cm左右的空间。

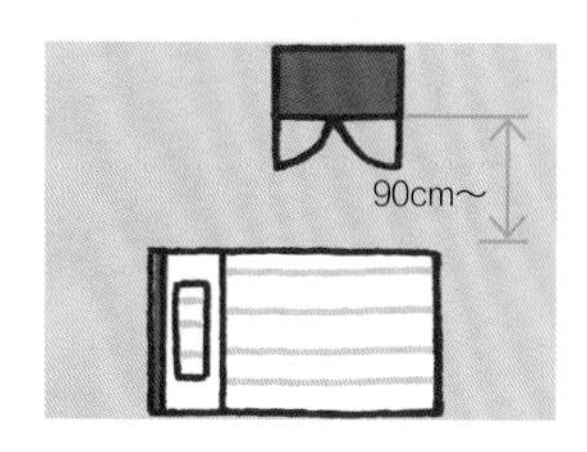

门向外开的衣柜与床间必须留有约90cm的空间，如果房间狭窄，最好选用不占地方的拉门或摺门。

能弹性应对儿童成长的家具

可爱的凳子

圆形且色彩鲜艳的凳子，重量轻且容易维护的塑料制。“MAMMUT”W35xH30cm（Φ30cm）499日元（约人民币26元）/ IKEA Japan

会成长的高椅子

座面、踏脚台位置能改变，可以从婴儿时期一直用到成人。“Trip Trap”W46xD49xH78cm 2万7930日元（约人民币1434元）/ stokke

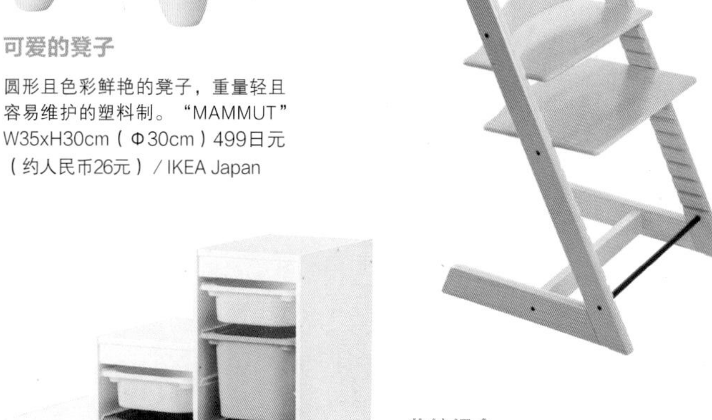

收纳组合

有多条沟槽的外框与收纳箱的组合。可以自由改变架子、高度。“TROFAST”W100xD44xH94cm 1万90日元（约人民币518元）/ IKEA Japan

收纳在使用场所附近

请选择容易取出、置入的收纳场所

如果使用场所与收纳位置离得太远，用过后容易因为偷懒而放置不收。例如总是在洗完澡后用吹风机，最好收在盥洗室才能轻松使用和收纳。基本原则是收在使用场所附近或容易收纳的位置。

为了决定收纳位置，请考量使用时机、场所及什么人使用，如此一来，就很容易决定该物品放置在哪里会便于收纳。

盥洗室需要的物品请遮盖起来

盥洗角落上方除了收纳吹风机、电动牙刷外，也装设有专用插座。

也能放松阅读

餐桌旁的开放架上置放午茶用餐具，后方则摆放书架，可以一边喝茶一边悠闲阅读。

喜爱的音乐立刻聆听

放置有音响设备的架子也是CD等的收纳空间，能选择喜爱的音乐马上听，听完后马上收拾。

烹调相关物品设置于厨房周边

厨房背面空间用来收纳储藏食材、烹调器具、烹调家电等，每天使用的物品收纳在开放空间，容易取放。

在玄关完成外出准备

在玄关侧边装设能挂背包、帽子的吊钩，不只能顺畅完成外出准备，还能作为玄关聚焦点。

有效活用空间

配合空余的空间设计收纳

所有人都希望有宽敞的收纳空间，但是即使空间再宽畅，要是无法有效活用，只会让东西约来越多，堆积在一起，搞不清楚什么东西收在哪里。在感叹没有足够空间收纳前，请再确认一次住宅内部，一定能找到稍微加工就能活用的空间，或是以往忽略的空间。

如果有大面积墙面空着没用，不妨试着用壁挂式架子、吊挂柜子、支撑棒等进行收纳。楼梯下的空间说不定可以摆放柜子、吊衣架。此外，冰箱、水槽间的狭窄缝隙可以放进带轮子的细长储藏设备、开放柜子，突出的窗户下方可以放置推车等。玄关墙上可以设置吊挂小东西的挂钩，衣橱门内侧则可以使用吊挂式口袋。

能否活用空间就看你的创意与设计，请务必彻底活用能使用的场所、器具。

掌握使用频率

经常使用的物品要容易取放

住宅里有许多物品，有些是每天频繁使用，有些是一星期用1次左右，有些则是不同季节使用，使用方法各自不同。还有些东西具有纪念性，虽然不用却会希望留下。针对所有物品，请再度确认使用频率。

掌握用法后，经常使用的物品请优先收纳在容易取放场所。例如即使收纳在同样的架子或抽屉里，也应该放在容易使用的高度或位置。

重要的是能简单取放，从开放的柜子、桌子上拿东西，跟必须打开收纳场所的门，再拉开抽屉，需要花费的工夫不同。随柜子、篮子、抽屉、架子、挂钩等收纳形状不同，请考量取用法与折叠、重叠、竖起、吊挂等收纳法如何组合，设计出容易使用的收纳。

楼梯下的隐藏式收纳

利用楼梯下的空间，开关摺迭门的收纳。关上门就会看起来十分清爽，什么都看不到。不妨用来收纳清扫用具、洗衣机等。

利用楼梯与走廊间的空间

利用楼梯与走廊间的矮墙作为书架使用。书架的深度、高度请配合书本选择，整体尺寸不占空间且使用起来十分方便。

根据使用频率决定收纳场所

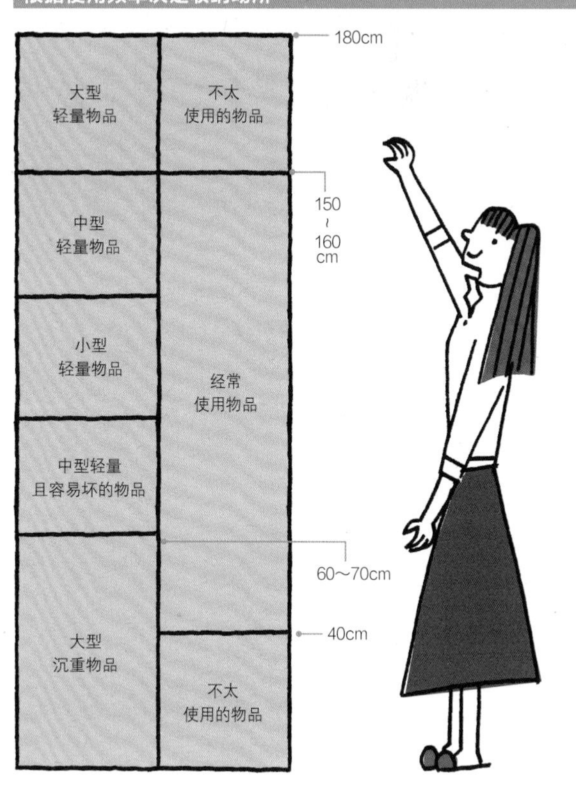

区分使用展示型收纳与隐藏式收纳

独特物品不要隐藏不妨使用展示型收纳

让空间看起来清爽非常重要，但一律使用将物品隐藏在门、抽屉里的隐藏式收纳，又似乎太枯燥，会让房间塞满收纳家具，看起来十分狭窄。考量装潢时，不如适度引进展示型收纳。

展示物品可以根据自己的喜好、品味选择，厨房可以用设计时尚的容器整理香料，盥洗室则可以展示颜色鲜艳的毛巾类，客厅不妨展示兴趣物品、封面有趣的杂志、CD等，能展示的物品种类繁多。

不过，要是物品杂乱且满布灰尘，就算不上是展示。必须清扫、整理，要是太多就会很累。

请在容易看到的地方作重点式的有效装饰。

以帽子、皮带装潢

在化妆台周边展示帽子、皮带，以管子横向展示，或是以竖在墙上木板纵向展示，外观变化也很有趣。

有效使用隐藏式收纳

面对LDK的收纳，也置放有孩子的尿布、换洗衣物等。弄脏的时候能马上更换，非常方便，是隐藏式收纳的长处。

犹如店铺的玄关迎接客人来访

楼梯旁的墙壁上吊挂包包、小摆设的收纳。原料、色彩也种类繁多，是能感受到主人品味的玄关。

收纳＋装饰用架子

墙上的架子除了收纳书、CD，还置放时钟、相框等，作为装饰架利用。露出一部分封面的展示也让人印象深刻。

不经意摆设的时尚厨房

每天使用的厨房小物、香料类等摆放在架子上的展示式收纳。乍看之下不经意的摆放法让人觉得很亲切，为日常生活增添时尚氛围。

收纳创意 占空间物品的

书籍

书架请有效活用并设计其他收纳法

如果是木板位置能调整的书架，请摆放同样高度的书籍，并调整间距，避免上方太空，提升收纳能力。如果木板位置固定时，高度过高放不下的书籍等可以打横放在下方，改变高度收纳。如果书架够深，不妨分前后两列收纳。

适合书籍高度的箱子也能用来收纳，可以根据领域、作家等分类后贴上标签，以便掌握内容物。

深度浅 容易取出

如果要利用墙上的架子，深度要配合书籍才不会太占空间。如此一来一眼就能看出什么书放在哪里，容易整理。

较深的收纳架 可以利用楼梯、踏脚台

摆放在楼梯下空间的大容量书架，准备可同时作为楼梯、椅子使用的踏脚台，即使书架高也能安心将书收纳到上方。

衣服

根据穿着频率分类收纳

衣服之所以会散乱，是因为把想穿的衣服“不经意地”收纳。请决定收纳原则，不需要的衣服请立刻清掉。

此外，衣橱里应该配合季节收纳所需要的衣服，避免太占空间。挂在衣架上的衣服必须根据长度分类，或调整收纳箱、抽屉深度等，尽可能不要留下空间。可以配合衣服种类运用折起重叠、卷好后竖起等收纳法。

摺好的衬衫类 逐件使用托盘收纳

推荐您在抽屉式托盘里逐件收纳衬衫等收纳法，衬衫不容易变形，容易整理。高度也刚好，不占空间。

制作房间式衣柜

也能将房间的一部分等作为衣柜使用，以窗帘、摺门隔间，想隐藏的时候就能关起来。

餐具&烹调器具

喜爱的餐具可以运用“展示型收纳”美观展示

日常使用的餐具收纳，重点在于让经常使用的物品容易取放。如此一来每天餐点的准备、收拾会非常顺畅，并能有效进行。

喜爱的餐具、时尚设计物品等可以用展示型收纳展示，例如将季节性图案的盘子装饰在开放性架子、墙壁的架子上，或是将色彩鲜艳的杯子吊挂在挂钩上排列，享受其中乐趣。

以吊挂的展示型收纳 作为装饰

大型抽屉里收纳日常使用的餐具，容易取放。墙上的架子及下方的吊挂收纳等，可以让方便性更增添乐趣。

日常生活中使用的餐具 可以收在橱柜内，容易整理

其中的餐具一目了然，容易取放想拿餐具的餐具橱。由于是隐藏式收纳，可以优先考虑自己如何比较好用来配置。

不同房间

收纳重点

客厅

实用性杂物藏起来比较清爽以展示型收纳营造放松氛围

空调、电视遥控器等家人都会使用的实用品，必须决定放置场所，并规定用完后要归还原处。例如可以收在沙发内部的收纳、桌子的抽屉里，或是准备颜色鲜艳的箱子、天然素材篮子作整理等，才能取放方便，不会流于杂乱。

电视、电脑等电线类可以穿过保护膜的芯，固定在不容易看到的处所，会看起来比较清爽。

书信、文件等个人物品可以设置暂时保管场所，例如不同家人可以分别利用抽屉、吊挂式袋子等，就算不是本人，注意到的人就能顺手整理。

为了营造放松氛围，展示型收纳也非常有效。电视、DVD机周边可以放置收纳架装饰小摆设，或是以有装饰用架子的电视柜等，排列杂货、植物。

会有暖和阳光照进的空间

适合在窗边阅读或喝茶的空间，桌子上装饰有植物、小摆设的展示型收纳，营造出令人放松的空间。

可爱的收纳小朋友也能帮忙收拾

桌子旁放有架子，让小朋友也能自己收拾等。如果突然有客人来访，也能马上收拾好，非常方便。

厨房&餐厅

餐桌周边的物品收纳在餐厅厨房要重视使用方便性

物品多以操作为主的厨房收纳，应该以好用为优先原则。抽屉、水槽下方的收纳，可以利用市售的收纳箱、架子等隔间，让必要物品能马上拿得到。汤匙、叉子等与杯子、玻璃杯、午餐垫、杯垫等最好能收在餐厅，才能在烹调过程中同时顺畅摆桌，家人也容易帮忙。玻璃门的餐具橱中排列着杯子、玻璃杯等，展示型收纳也很美观。

餐桌上的小摆设建议在用餐时收起，桌子侧面可以装上挂钩等吊挂包包等，或是在椅背上设置吊挂式口袋，暂时收纳报纸、遥控器等。餐具橱也以深30cm左右的一列收纳单品比较好用，且不占空间。

方便使用的有趣吊挂式收纳

厨房的烹调器具采用吊挂式收纳，能马上取下想用的物品，不仅方便，外观也很有趣，并能有效活用空间。

餐厅的收纳要重视平衡

除了抽屉式的隐藏型收纳外，也采用开放架的展示型收纳。置放有植物、相框的收纳家具，可具有装饰架的功能。

卧室

收纳家具除了机能外也必须配合房间形象

毛巾、衣服类等收纳物品多的卧室里，如果有大型功能性收纳会非常方便。除了收纳能力外，也必须根据设计、材质、色调慎重选择。卧室同时也是睡觉前放松的空间，必须重视氛围。

有门和抽屉的收纳家具应该考虑与床之间的距离，确保能顺畅开关。如果要在床下设置抽屉等收纳，也必须作相同考量。

利用橱柜或隔出房间的一部分收纳时，可以利用卷帘、窗帘等，不占空间。柔软的材质没有压迫感，还能利用收纳箱、铁管等配合用途设计收纳。

闹钟、眼镜等小物最好放在能马上拿到的枕边，会很安心。除了利用床头板外，也不妨准备附抽屉的床头柜、小架子。

家具木料统一，营造出整体感

以木料为底色的自然风格房间，同样使用木料架子，统一整体形象。架子放在床两侧，看起来非常清爽。

喜爱的单品采用展示型收纳

卧室一角利用衣帽架展示帽子，正因为是私密空间，可以活用自己的喜好，更有乐趣。

儿童房

设法让小朋友自己收拾

要让孩子能自己收拾和管理个人物品，设计儿童容易使用的收纳方式非常重要。不妨选用能配合孩子成长、物品数量调整高度的家具，或能组合空间增加收纳场所。

架子、抽屉可以用颜色分类，或贴上喜欢的贴纸等，能一边分类、收拾一边乐在其中也很重要。孩子画的图、以前喜欢的玩具、衣服等当然希望能尽可能留下，但是想全部都保管很困难。不妨照相后列印或留下资料，这样的做法几乎不占空间。相对地，重要的作品不妨装框，或将以前喜欢的衣服装饰在墙上，设计成能记录孩子成长的房间。

活用不占空间的开放式收纳

如果是独立房间，就算狭窄也能依照自己的喜好整理，感到非常满足。不妨利用支撑棒等设计。

每天使用的物品要配合孩子的身高

平常使用的物品要配合孩子的身高选择，尽可能不占空间。不同季节的用品等请收在大型收纳容器里供换季使用。

玄关

设计如何使用大型收纳
让有限空间看起来清爽

鞋子、雨伞，婴儿车、园艺用品等，玄关需要有大容量的收纳空间，不妨采用门较大的主要收纳柜，让空间看起来清爽。如果是镜面门，还能让空间看起来更宽敞。此外，隔板能移动的收纳或能组合、调整整体高度的收纳容器，也能弹性应用非常方便。

收纳架的用法也必须配合空间特征，例如收纳鞋子时，架子需要有约30cm的深度，但如果将隔板稍微倾斜，可以让深度减少5～10cm。此外，拉门内侧的空间可以装上毛巾架或挂钩，将拖鞋竖起收纳或吊挂雨伞等，有效利用。

墙壁可以用来吊挂收纳小东西，不过玄关可以说是住宅的颜面，请统一吊挂物品的颜色、形状等，避免看起来过于杂乱，并在展示时注意细节。

容易看到内部的鞋柜

将隔板倾斜的鞋柜，不仅节省空间，只要拉开大型拉门，就能马上找到想找的鞋子，方便之处也魅力十足。

内部整理市售物品

运用订做的高收纳柜，以收纳架等隔开、营造出方便使用的空间。铁制墙上可以粘上磁铁制挂钩吊挂小东西。

卫浴空间

繁琐实用物品采用隐藏式收纳，
空间看起来更怡人

在盥洗室使用的小物件、卫生纸、洗洁剂库存、毛巾类等不太容易统一大小和设计。客人来访时，家人以外人士也会使用盥洗室，因此具有生活感的实用品基本上采用隐藏式收纳。收纳时只要加入些许创意，看起来就会更怡人。例如排列在天然素材的篮子等中，或是将洗洁剂改装进可爱的瓶罐中装饰等，这些创意能营造出雅致氛围。此外，以颜色鲜艳的布料等制作可爱的卫生纸收纳袋，挂在厕所墙上，就能营造出欢乐氛围。化妆用小东西、肥皂等则可以选择设计美观的单品，作展示型收纳。

脱衣空间除了毛巾等外，如果能收纳数次家人会使用的内衣分量，会非常方便。这时候也可以利用天然素材的篮子等。

清洁感与柔和氛围

柜台下的空间可以用卷帘遮起，看起来十分柔和。架子上可以排列尺寸相同的篮子，看起来更清爽。

统一材质营造自然氛围

将藤篮作为抽屉使用，洗脸台下的收纳也以相同材质的盒子、篮子统一，让整体看起来十分美观。

专栏 5

不会失败的收纳家具选择重点？

掌握收纳家具的种类与特征

收纳家具可以分成3类，分别是既有的成品家具、组合式系统家具、订制家具。

成品家具的长处在于种类丰富，颜色、形状、尺寸、功能都能亲眼所见后选择。价位合理的单品也种类繁多，容易选购也是魅力之一。不过，由于设计、尺寸固定，必须考虑好如何组合配置后再选购，否则可能让氛围变得非常杂乱，形成无用空间。您不妨考虑选择材质、设计统一的系列家具。

组合架子、盒子、抽屉、门等的组合式系统家具，魅力在于能配合住宅选择尺寸，活用功能让自己使用起来更方便。补足不够的零件，或去除不必要之处，能弹性应对需求。最后，必须慎重考量理想与预算间的平衡。如果要订做家具，重要的是与信赖的专家事前彻底商议，只一味膨胀自己脑中的形象，可能在意想不到的地方失败。

考虑能长久使用的功能性与装潢性

再怎么时尚的家具，要是在日常生活中用起来不方便等同于浪费。选择收纳家具时，必须考虑到尺寸与使用的便利程度。首先，请确认架子、抽屉尺寸是否适合想收纳的物品，取放是否容易，高度、深度是否适合使用者的身高。此外，也必须确认开关需要的空间及与配置处所间的平衡。也有家具能改变隔板位置，或加买零件组合。

其次，材质、颜色、设计也希望能慎重选择。如果能找到刚好搭配房间的单品最理想，要是找不到，基本上应该选择不容易腻的简单设计单品。

如果是设计简单的收纳家具，只要一点创意就能营造出时尚氛围。例如活用木料质感的开放型架子，不妨与天然素材的篮子组合使用。如果是涂成白色的单品，可以与颜色鲜艳的抽屉型盒子组合使用，营造出时尚氛围。

装潢用语集

为了让您更理解装潢，
以下为您说明专业名词。

B

壁灯 安装在墙壁、柱子上的灯具。主要作为天花板高房间的补助灯具使用。

补助灯具 相对于照亮整体的主灯具，是照亮特定场所的补助灯具。会使用壁灯、聚光灯等，也称为部分灯具。

布料 原本指编织品、布料，但在装潢中，也作为室内布制品总称使用，与纺织材料相同。

C

彩度对比 彩度指的是颜色的鲜艳程度。排列彩度不同的2种颜色，彩度高的颜色会看起来比较鲜艳，彩度低的颜色则看起来比较黯淡。

餐具橱 收纳餐具类的带门橱柜。也可用于隔间，能从两侧取放的餐具橱则称为活板橱。

长椅 能坐2个人以上的长椅，本来应该是凳子型，但有椅背者多称为长椅。

成品家具 原本是置放在地板上家具的总称，一般则是相对于订制家具，指现成家具。

厨房吧台 厨房的作业空间吧台，设置有水槽、微波炉台、收纳柜等。

窗饰 装饰窗边或营造氛围。有时则是窗帘、百叶窗等窗户周边用品的总称。

瓷砖 用于建筑物内外墙壁、地板等的薄陶瓷板，防火、防水性佳，自古就在全球各地使用。

D

DIY Do It Yourself的缩写。住宅、家具的修缮、维修、翻新等都“自己来”的意思。

大地色系 自然色调，例如土壤的咖啡色、天空，大海的蓝色、草木的绿色等。

大厅椅 椅背倾斜，能悠闲放松的单人用椅子，也有搭配垫脚椅的组合。

灯罩 保护、遮掩灯具光源的罩子，或是上下移动调节来自窗户光源的窗帘种类。

凳子 没有椅背、扶手，只有座面的椅子。包含化妆台用凳子或垫脚椅、吧台用高脚椅等。

底色 地板、墙壁、天花板等占房间广泛面积的颜色，最好以同色系统一。配色参考基准是面积的70%。

地垫地板 其中含海绵层，弹性强的PVC塑料垫地板材料。防水性高，颜色、图样丰富。

地毯 编织制成，可用于保温、隔音、装饰。

点缀色 作为装潢点缀使用的颜色，最理想的比例是以小摆设等用在室内约5%的面积。

订制家具 不是现成产品，而是向专家咨询材质、尺寸、功能后，为特定用途制作的家具。

动线 以线性显示人、物移动的距离、方向。在决定布局、家具配置时，应该要考虑动线。

F

房间式衣柜 可以走进其中取放物品的衣服等收纳空间。地板高度与房间相同，以门等隔间。

纺织材料 在装潢中是窗帘、地毯等室内使用布制品的总称。有时候也包含塑料布等。

G

阁楼 将房间的一部分隔成2层的空间，或走廊等上方的低天花板夹层。如果天花板高度低于1.4公尺，则不算入楼板面积内。

功能性空间 洗衣服、烫衣服、记帐、写信等，能在做家事时多目的使用的空间或专用空间。

古董 古董品、古典美术品、传统样式家具。原本指的是有100年以上历史的物品（100年未满称为珍藏）。

光源 发出光线的源头，相对于太阳等自然光源，人工光源包含白热灯、日光灯、水银灯、LED灯等。

H

黑白色调 黑、白、灰色等无彩色的搭配，原本指的是单色。也包含同样颜色的浓淡、明暗组合。

胡桃木 核桃科阔叶树总称。欧洲家具的代表性木料之一，广泛使用于装潢材料、门等。

灰泥 用于完成涂墙的材料，在一种石灰里混进浆糊、麻纤维等等后搅拌。具有优良的湿度调节功能。

J

架橱 架橱、装饰架等收纳家具的总称，可分类为横长的架子与纵长的橱子。

间接照明 并非以灯具光线直接照射，而是透过天花板、墙壁等反射，光线柔和的照明。

聚光灯 仅照亮有限区域的灯具，能将光线集中在特定物品上，让效果更明显。
聚焦点 房间里会自然吸引人们视线的处所，此外刻意营造来凝聚焦点，代表性处所是壁龛、暖炉等。

L

落地窗 人能进出的大型落地窗，设置在面对阳台、庭院的房间里，能直接拿扫把将垃圾扫出室外。

M

Midcentury 1950年代前后诞生的风格，特征是机能性简单设计、利用塑料材质等。

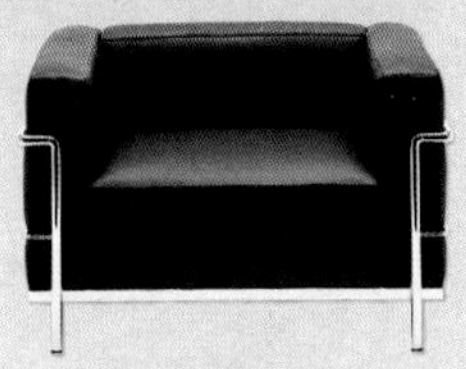

马赛克瓷砖 尺寸小于50毫米平方的瓷砖，贴的时候多以300～400毫米单元为单位。
明度对比 明度指的是颜色的明亮程度，将明度有差距的2种颜色排列在一起，明度高的颜色会看起来更亮，明度暗的颜色则会看起来比较黯淡。
木工材料 房间里能看到的木工相关材料，包含门框、木制地板、楼梯、门槛、门楣等。
木制地板 地板用木料的总称。可区分为直接使用整片木板的单层地板，与使用合成板的复合木制地板等。

N

泥水匠 以抹刀完成地板铺面、涂墙的工匠，基于健康、环保考量，矽藻土等墙壁材料近来备受欢迎。

P

PC 塑料的一种，透明度高，不容易破裂，因此可替代玻璃用于制作浴室门或天窗等。

拼木地板 木质地板之一，以木块拼出图样的地板材料之一。也称为寄木地板或寄木贴。

Q

嵌入灯 嵌入天花板的小型灯具，有可以照亮正下方的聚光灯型及可照亮广范围类型等。
切割垫 附粘着剂的PVC装饰垫。有各类颜色、图样，可以切割出文字制成看板等。

R

日式家具 和室使用的家具总称。包含衣橱、矮桌等，种类繁多。有时单指以传统日式方法制作的家具。
软木塞 栓皮栎树皮，可以加工成软木塞瓷砖等形状，主要用于地板。柔软隔热，隔音效果也高。

S

色相环 色彩基本理论，红、黄、绿、蓝、紫加上中间色，配置在圆周上，表示颜色的变化与相关性。
砂浆 以水泥、水、砂混合而成的泥状建材，用于涂抹地板、墙壁或缝隙等。
水晶灯 原本指用来点蜡烛的灯具，一般则是指从天花板吊挂的装饰型复合照明灯具。
松木 松木是松科针叶树的总称，用于墙壁、地板装潢、家具等。北欧的欧洲赤松与北美产松木都很有名。

T

台灯 放在桌上使用的台灯型灯具，在阅读、作业时能确保手边亮度。也称为桌灯。
天花板灯 直接安装在天花板上的灯具，相对于吊挂型灯具，可以照亮广泛范围，让房间整体明亮。
挑高 2层楼以上的建筑物，其间不另设楼层，设置高天花板的空间。大多用于玄关、客厅等空间。
调性 物品整体的感觉、形象。装潢中则多指的是颜色的鲜艳程度、亮度调性。
涂装 在表面上涂刷或喷上涂料后完成。除了装饰外，也有脏污、腐蚀保护意味。
搪瓷 将无机玻璃质材料通过熔融凝于基体金属上并与金属牢固结合在一起的一种复合材料。

W

卫浴空间 盥洗室、浴室、洗手间等卫浴用设备房间。

X

矽藻土 主要用于涂抹墙壁的天然素材，防火、隔热性高，吸湿、散湿性优良，还具有除臭效果等。
系统收纳 配合希望设置的场所，组合板子、箱子等各类零件制作的半订制收纳容器。
下照式灯具 安装在墙壁的低矮位置，照亮脚边的灯具。设置在走廊、楼梯、卧室等处，以确保夜间步行安全性。

Y

柚木 阔叶树之一，容易加工，耐久性高，越用越有味道的“柚木色”备受欢迎之高级木料。
原木 相对于以多种木材加工的合成材，以天然木料制成的木材，能享受原有质感。

Z

竹子 竹制材料总称。除了用在亚洲风格家具外，还能用在装饰性柱子或加工作为地板材料使用。
主灯具 平均照亮房间整体的照明或灯具，又称为基础灯具、整体灯具。亮度平均、平坦。
主色 营造房间氛围的主题色，具特色的颜色。用于窗帘、沙发等。配色参考基准是面积的25%。

装潢要素 从家具、窗帘、照明等，到天花板、墙壁、地板等装潢材料为止，构成装潢所有要素的总称。
装潢植物 于室内装潢采用的植物。也可指人工植物、假植物、人造花。

图书在版编目（CIP）数据

想要如何装潢，自己告诉设计师 / 日本株式会社X-Knowledge著；刘中仪译. -- 北京：光明日报出版社，2015.7

ISBN 978-7-5112-8615-4

Ⅰ. ①想… Ⅱ. ①日… ②刘… Ⅲ. ①室内装饰设计 Ⅳ. ①TU238

中国版本图书馆CIP数据核字(2015)第127956号

著作权合同登记号：图字01-2015-3896

想要如何装潢，自己告诉设计师

著　　者：[日]株式会社X-Knowledge　　译　　者：刘中仪

责任编辑：李　娟　　策　　划：多采文化
责任校对：杨晓敏　　装帧设计：水长流文化
责任印制：曹　净

出 版 方：光明日报出版社
地　　址：北京市东城区珠市口东大街5号，100062
电　　话：010-67022197（咨询）　　传　　真：010-67078227，67078255
网　　址：http://book.gmw.cn
E-mail：gmcbs@gmw.cn　lijuan@gmw.cn
法律顾问：北京德恒律师事务所龚柳方律师

发 行 方：新经典发行有限公司
电　　话：010-62026811　　E-mail：duocaiwenhua2014@163.com

印　　刷：北京艺堂印刷有限公司
本书如有破损、缺页、装订错误，请与本社联系调换

开　　本：889×1080　1/16
字　　数：100千字　　印　　张：9
版　　次：2015年7月第1版　　印　　次：2015年7月第1次印刷
书　　号：ISBN 978-7-5112-8615-4

定　　价：59.80元

上方房间
厨房
餐厅
客厅
阳台
挑高
家事室
阳台
LDK※
玄关收纳
小院子
玄关
卧室
W.I.C※
下方房间
阳台
阳台
浴室
预备室
水槽
盥洗室
书房
玄关
干燥区域
W.I.C
主卧室
浴室
餐厅・厨房
挑高
客厅
书房
屋顶阳台
盥洗室
沐浴阳台

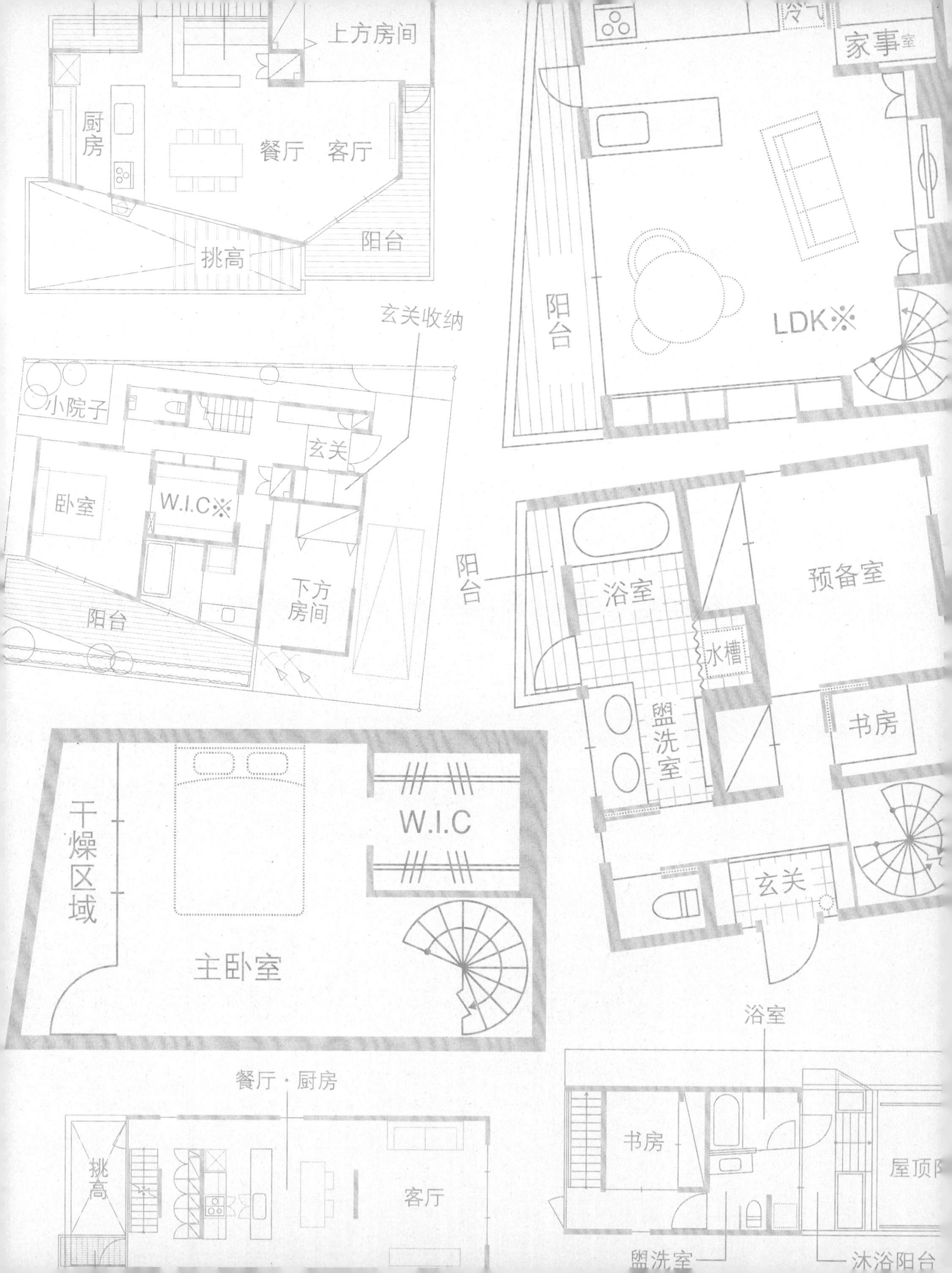

上方房间
家事室
厨房
餐厅
客厅
阳台
挑高
阳台
LDK※
玄关收纳
小院子
玄关
卧室
W.I.C※
下方房间
阳台
阳台
浴室
预备室
水槽
盥洗室
书房
干燥区域
W.I.C
主卧室
玄关
浴室
餐厅·厨房
挑高
客厅
书房
屋顶阳
盥洗室
沐浴阳台